ツバメのくらし百科

大田眞也

弦書房

白変したツバメ（幼鳥）
1980年９月14日　熊本県玉名郡横島町（横島干拓地）で（本文82頁参照）

水田でのツバメの集団採餌。ツバメがイネの有害虫を駆除してくれる有益鳥
として大切にされるゆえんである
1998年８月22日　熊本県阿蘇郡久木野村（現·南阿蘇村）で（本文55頁参照）

ツバメの巣と卵。卵は白っぽく、斑紋は一個ずつ異なる
2003年５月26日　（本文40頁参照）

孵化して２日以内のツバメの雛。丸裸同然で眼も開いていない
2003年６月10日　写真はいずれも熊本市西区春日（自宅の車庫内）で
（本文41頁参照）

雪が降りしきるなかを川面すれすれに群れ飛ぶツバメ（左はオナガガモ）
1987年２月３日　熊本県熊本市清水町（坪井川）で（本文116頁参照）

〔上〕亜種アカハラツバメ（雄）
1988年４月14日　熊本市渡鹿で
（本文122頁参照）

水道管上で身を寄せ合って暖をとるツバメ
1987年１月14日　熊本市高平２丁目（高平橋）で（本文116頁参照）

ツバメのなかま

ショウドウツバメ（右）とツバメ（左）
2004年10月１日　熊本市沖新町で（本文160頁参照）

イワツバメ　1993年６月27日　熊本県球磨郡球磨村神瀬の石灰洞窟（県指定天然記念物）で（本文138頁参照）

バネリュウキュウツバメ　日本産の亜種よ小さく胸から腹にかけて白っぽい
78年12月28日　サバ州ケンソンで（本文164参照）

コシアカツバメ　1986年５月31日　熊本県阿蘇郡阿蘇町（現·阿蘇市）で（本文156頁参照）

目次

第Ⅲ編　民俗

〔装丁〕毛利一枝
〔口絵・本文写真〕大田眞也
＊扉の写真はコシアカツバメ

はじめに

　ツバメが営巣している家を見るとうらやましく思った。とくに子供のころはそうだった。それは、ツバメが巣を造ると縁起がよいとか、幸運がやってくるなどといわれていたからではない。ただ単にツバメの育雛の様子をだれに気がねすることもなくぞんぶんに観察できそうに思えたからである。わが家にもツバメが営巣してくれればどんなにいいだろうと思った。いつかはツバメが営巣する家に住んでみたいと思い続けていた。

　私が住んでいる生家は、ＪＲ鹿児島本線熊本駅の北側（裏手）で、花岡山（一三三メートル）の南麓にある。私がまだ子供のころには、今日のように高層マンションも建て込んでおらず、家のすぐ近くに田畑や草原《くさはら》などもあってツバメの巣などもふつうに見られていた。私の家は寄せ棟の典型的な日本建築で、昭和五年（一九三〇）に建てられたというから、だいぶ年月も経ているが、肝心のツバメが営巣しそうな玄関部分は張り出していて切妻造りになっており、ツバメが営巣するのはあまり期待できそうになかった。

しかし、昭和五十三年（一九七八）に、庭の西側部分に両親が離れ家を建ててからは夢が膨んだ。というのも、二階建てで、一階部分は車庫と物置きになっていて、車庫部分にはツバメが営巣しそうに思えたからである。しかし、その後、平成四年に、車庫入口の正面、約四メートルの道向かいに五階建ての分譲マンションが建ち、家周辺の環境も大きく変わって、ツバメを見かけることも少なくなり、なかなか思うようにはいかなかった。

　しかし、平成十四年、家が建って四半世紀めにしてついに用意していた巣台に営巣し、四羽の雛が無事に巣立って行った。ずいぶん長い時間がかかり、途中には紆余曲折もあったが、子供のころからの長年の夢がついに実現したのである。わが家に居ながらにして人目を気にすることもなく、巣造りや育雛の様子を楽しみながら思う存分に観察でき、幸せに思っている。

　これを機に、これまでの観察記録と既存文献の渉猟により、ツバメについての知見を三つの視点から整理してみた。まず、第Ⅰ編の「ツバメのくらし」では、ツバメの一年間のくらしぶりを季節を追って見てみる。第Ⅱ編の「ツバメのなかまたち」では、ツバメ科鳥類に共通する特徴と、ツバメを除く日本産ツバメ科鳥類四種のくらしぶりについて概観してみる。そして最後の第Ⅲ編の「民俗」では、日本人はツバメと、そのなかまの鳥たちをどう認識し、どういう接し方をしてきたかについて時代を追って振り返り、考察してみる。

ツバメは、野鳥の中では最も身近にいて、巣も椀形で内部の様子が見やすく、しかも人を信頼しきっているので観察するには好都合である。しかし、ツバメの生息環境は年々悪化しているように思える。このような現状にあって、本書がツバメについての関心と理解の深まりに少しでも役立ち、ツバメとのさらなる好ましい共生について考えるきっかけになってくれればと願っている。

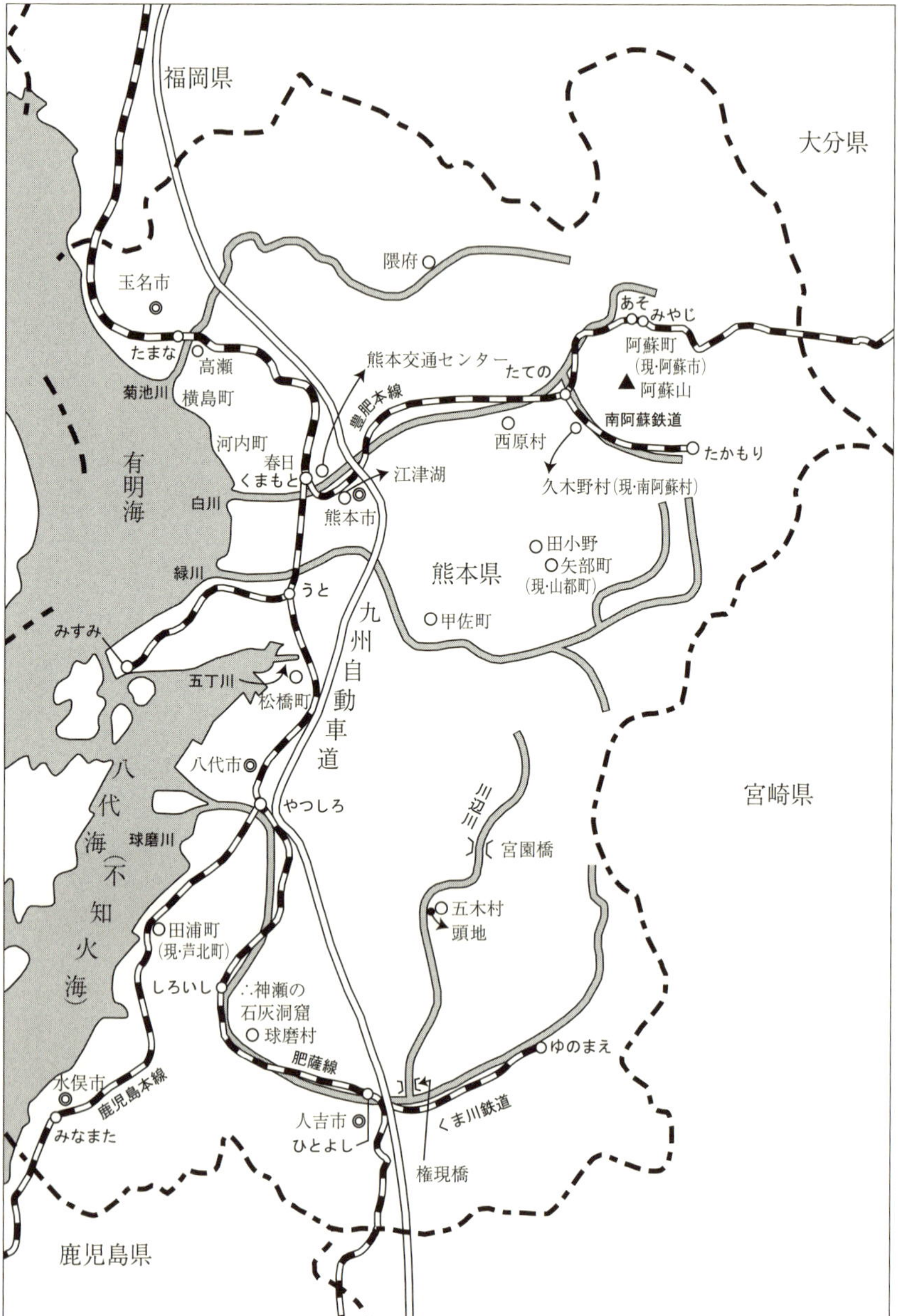

本書で記載したツバメの主な観察地概要図

第Ⅰ編　ツバメのくらし

一章　繁殖期

故郷へ

燕来る時になりぬと雁がねは本郷《くに》思ひつつ雲隠り鳴く

大伴家持

ツバメが渡来する時季になったので、ガンもそろそろ生まれ故郷の北国に帰らなければと思い、気流の状態でも確かめるかのように空高く舞い上がって雲に見え隠れしながら鳴いている、といった冬から春への季節の変わりめの情景を詠んだものである。中国にも古くから燕雁代飛という同じような内容を表わすことばがあるという。四季が明確な温帯にある日本や中国では、ツバメとガンは古くからそれぞれ春と冬とを象徴する候鳥（渡り鳥）とされてきた。

ツバメは、生理上はマイナス〇・一度くらいまでは活動可能といわれるが、五度以下になると通常は活動を停止してしまうようである。ツバメの渡来時季については、ハンガリーのヘギフォードの「平均気温九度の等温線と共に北上する」という説が古くからよく知られている。つまり、ツバメは平均気温が九度（八～一〇度）前後になるころに渡来するというのである。

なお、日本での場合については『季節の事典』（東京堂出版）によると、ツバメの渡来は、関東以南では最低気温が一〇度以上になるころで、それ以外の地方ではこれより低く五～八度くらいになるころとされていて、平均気温よりも最低気温に注目されている。具体的には最も早い九州南部で三月中旬、関東で四月上旬、東北北部で四月下旬、最も遅い北海道北東部の網走や根室・釧路などでは六月に入ってからとなる。南北に長い日本列島では、南と北では渡来の時季にも二か月半ものずれがあり、一日当たり二〇～三〇キロメートルくらいの割合で北上していることになる。

私が住んでいる九州中央部の熊本市では、越冬ツバメもけっこういるので渡来の時季ははっきりしにくいが、毎年、雛祭り（三月三日）前後に急に各地で見かけるようになり、季節の事典に書かれている時季よりも少し早いような気がしている。渡って来るときは、群れることなく一羽ずつで、海面すれすれの低空を飛んで来る。まず、海岸に着き、その後、川

6月10日
6月1日
5月20日
5月10日
5月1日
6月10日
6月1日
5月20日
4月20日
5月10日
5月1日
4月20日
4月10日
4月10日
4月1日
4月1日
3月20日
3月20日
0
300km

ツバメの渡来(北上)前線

沿いにさかのぼって内陸部に入るので、同一緯度でも一〇〇メートル高くなるごとに三〜九日、ヨーロッパでは三日くらい遅れることになる。

　渡来の時季は年によって多少異なり、その年の気象が関係していると考えられている。具体的には、春の気温が高めの年の渡来は早まる傾向がある。これは単に気温だけの問題ではなく、そのような年には冬に発達していたシベリア高気圧の衰えも早くて、北方に渡るには向い風になる北西の季節風がやわらぎ、代って追い風になる南寄りの風が早くから吹くようになるためと考えられている。このように渡りの時季が気象によって影響されやすいのは、昼間に渡る鳥に多く、気候渡り鳥などと呼ばれることもある。それに対して夜間に渡るムシクイのなかまなどの渡りは風以外の影響はほとんど受けることなく渡りの時季は正確で、本能渡り鳥などと呼ばれることがある。

　ところでツバメは、春になぜ日本に渡来するのだろうか。結論を先にいえば、それは繁殖のためである。ツバメも含め、鳥類の一年間のくらしは、大きく繁殖期（育雛期）と非繁殖期（越冬期）に分けられるが、春から夏にかけての日本にはツバメの繁殖に好都合な環境条件がそろっているからである。詳しくは順次この後みていくことにしよう。

〈**雁《かり》がね**〉
ガン（雁）のなかま一般のことである。日本ではこれまでマガンやヒシクイなど九種が確認されている。その中に標準和名がカリガネの、マガンより小形のガンがいるが、ガンの一種として認識されるようになったのは江戸時代以降であり、奈良時代の『万葉集』にみえる「雁《かり》がね」は、ガンの異名としてガンのなかま一般をひろくさしていると解すべきだろう。

なお、万葉集ではガン（雁）の鳴き声を雁鳴（かりがね）としている場合もあるので、個々の解釈にあたっては、前後も含めて判断する必要がある。

雌雄の関係

長い尾羽の雄はもてる

最初に渡来するのは成鳥で、前年生まれの若鳥は少し遅れて渡来する。渡来当初は海岸や河川、湖沼などの水辺でしばらくすごし、やがて営巣のために街中にもやって来る。

まず雄がやって来て雌を迎える。雄は、雌の姿が見えると、いわゆる「土食って虫食って

尾羽が長い雄（左）と短い雌（右）
2004年４月18日　熊本市春日（自宅の前）で

渋ーい」を早口で言ったように聞きなされる鳴き方でさかんに鳴いてプロポーズする。プロポーズをするのは雄の方だが、番い相手の決定権は、ツバメの場合も他の多くの鳥類同様に雌にある。

雌ツバメが雄を選ぶポイントは尾羽の長さにある。ツバメの尾は、いわゆる燕尾と呼ばれる著しい凹尾で、雄の尾羽の方が長く、とくに外側の二枚が長くなっている（ただし、幼鳥では雌雄に関係なく短くて、くぼみも浅い）。それで、外形がよく似たツバメの雌雄も、尾の長さで区別することができるのだが、では雄の尾羽はなぜ長いのだろうか。チャールス・ダーウィンの進化論によると、雄ツバメの尾羽が長いのは、雌の選り好みによる性淘汰の結果ということになるが、それでは雌はなぜ尾の長い雄を好むのだろうか。アルフレッド・ウォレスの進化論ふうにその理由まで掘り下げて調べると、それは尾の長い雄が特に働きがよいというわけではなく、なんと、寄生虫が少ないからしいというからちょっと意外である。いったいどういうことかというと、ツバメは雄も育雛するが、巣内の寄生虫の量が雛の巣立ち率に大きく関係しているからである。そこで雌としては雄からの寄生虫の感染をできるだけ避けたいところであり、尾羽の長さはどうも寄生虫の量を示す指標（バロメーター）になっているらしいのである。実験の結果、雄にダニ（寄生虫）を人為的にたくさん寄生させてやると、尾羽の成長が悪くなることが実証されている。一般に、寄生虫や病原体に感染されると、雄の外部形態上の特徴（第二次性徴）である目立つ長い飾り羽や美しい羽色などの独特の性徴はすぐ衰えてしまうことが知られている。要するにツバメでは、尾羽の長さが雄らしさの象徴（シンボル）であり、尾羽が長いのは寄生虫が少ない証拠であることを雌にアピールしていることになっているらしいのである。実際にも長い尾羽の雄と番った場合ほど多くの雛を巣立たせることも分かっている。

そこで、雌にもてていた雄の長い尾羽を短く切ってやると急にもてなくなり、逆に、それまで尾羽が短くて雌にもてなかった雄に、その切った尾羽を接ぎたして長くしてやると急にもてだすという。雌ツバメは、このように雄の尾羽の長さに目をつけて番い相手を決めているとみられている。一方、喉の赤が鮮やかで、尾羽の白斑が大きい雄ほど雌に好まれるという日本での観察報告もある。

雌をめぐる雄の争い

平成十六年は、わが家でのツバメの繁殖は半ばあきらめかけていた。昨年より二日早く三月十九日に、雄一羽がやって来たものの、その後、ほかの場所では巣造りも進んでいるのに、わが家ではまだ番いも形成されない状態だったからである。四月三日の午前中に、新しく設けておいたヒョウタン製の巣台に雌雄が仲良さそうに二羽並んで止まっているのを見たときにはうれしく思ったが、それもつかのまで、すぐまた雄一羽になってしまっていたからである。

しかし、四月十八日に、二度目に雌雄二羽連れでやって来たときには、翌日から雌雄が協力して巣造りを始めて、やっととほっとした。と、その翌日の二十日午後に、思わぬ招かざる客まで来て、巣がある車庫内は急に騒々しくなった。やって来たのは喉の赤さもくすんで見えるまだ若い雄で、番いを形成している雄との間で激しい争いが起きた。ツピィツピィツピィと鋭い声で鳴き騒ぐので何事だろうと見に行くと、二羽の雄が空中で追いかけっこをしていた。と、そのうちだんだんエスカレートして、二羽が空中でもつれ合ったまま道向かいのマンションの勝手口横にあるタマツゲの植え込みに落ちた。それでもまだもみ合っていた。しばらくして上側になっていた雄は勝ったと思ったのか飛び去ったが、下側に押え込まれていた方の雄は茂みに埋没してちょっと身動きがとれないような状態になっていた。それでネコにでも見つかったら大変と思って助け出しに行こうとしていたら、自力でなんとか脱出して飛び立てたのでほっとした。もうこれで勝敗は決したと思っていたら、なんと今度は、わが家一階の車庫内でまた第二ラウンドが再開されたのである。初めのうちは空中での追いかけっこに始まり、そのうち再び二羽がもつれ合ったまま、今度はコンクリートの床に音がせんばかりの勢いで落下し、私が仲裁せんと近づくまでの間かみつき合ったりして、しばらくの間もみ合っていた。

その間、雌はというと、巣に止まっていて高みの見物といったところだった。雌をめぐる雄同士のこんなに激しい争いを間近で見たのは初めてである。雄同士の争いは、翌二十一日も朝から続けられたが、前日のように二羽がもつれ合って落ちるといった激しいものではなく、空中での追いかけっこ程度のものだった。そして意外にも夜には二羽の雄とも同じ車庫内で塒をとったのである。もちろん一定の距離はおいていて、番いの雄は雌と一緒に新しい巣に止まり、若い雄は昨年の古巣に止まって夜を過ごしたのである。翌二十三日には、また新しくやって来た雄一羽も加わり、四羽して車庫内を飛び交い、小競り合いを繰り返していたが、夜には前日同様三羽になり、それぞれ同じ場所で塒をとった。このように奇妙な三角関係のような状態は、雌が最初の卵を産む前日の四月二十九日まで続いた。そして、雌が卵を産むのと機を同じくして、若い雄は姿を見せなくなった。

巣造りで小休止する雌(右)と雄(左)
2004年４月21日　熊本市春日(自宅)で

五月一日に二卵目が産まれると、その夜からは巣で塒をとるのは雌一羽だけとなり、番い相手の雄もどこか外で塒をとるようになり車庫内は静かになった。

番《つが》いの絆

ツバメは、いったん番いを形成すると相手のどちらか一方が死ぬまで番い関係を維持するという。

かつて農林省で、鳥類標識法によって六十四組の番いについて二年間にわたる追跡調査がされたことがある。その結果、同じ番いが維持されていたものが二十六組で、違っていたのは三十八組だった。番いの相手が変わっていたもののほうが一・五倍と多かったが、お互いに生きていて番いの相手を交換していたものはいなかった。

それで、番いの相手が変わっていたのは、越冬期間中に何かの原因で番いの相手の一方が死に、それでやむなく新たに番いを形成し直したと解釈するのが穏当だろう。

また、別の調査では、同じ番い関係が五年間も維持された例が知られている。こういったことからツバメは古くから貞操堅固な鳥と見なされてきているのだろう。

前年の営巣場所への帰還率も、前年と同じ番いだった場合では百%《パーセント》で、番いの相手が変わっていた場合でも約五〇%《パーセント》だった。そして雌雄による古巣への執着の差は認められなかったという。

　こういった現状では、親鳥より遅れて渡来する前年に巣立った若いツバメたちは、自分が巣立った古巣のある場所に帰ろうとしても、そこには既に親鳥たちに占領されている確率が高いので、帰ろうにも帰れないことになる。それで仕方なく巣立った場所の近くに新たに営巣場所を開拓することになる。近くといっても、それは一県くらいの広さの範囲内ということになるらしい。

雌の不貞

　何事にも例外はある。仁部富之助著『野の鳥の生態』には「ツバメ夫婦」と題した特殊な番い関係と思われる事例が紹介されている。そのあらましはこうである。

　仁部家では毎年ツバメが土間の梁に営巣し、一羽ごとにアルミニウム製の足輪を付けてきちんと個体識別をして観察されている。昭和五年（一九三〇）には同家にツバメの番いが初めてやって来たのは四月十三日で、足輪が付いているのは昨年同家で二回繁殖したうちの雌で、もう一羽の雄は足輪が付いていない新顔だった。

　二羽は、その後、昨年の古巣の補修も済ませてそろそろ産卵かと思われていた。四月二十四日のこと、なんと昨年の番いの相手だった雄が遅れて帰還したのである。それで奇妙な三角関係が生じ、新しい番いと後から遅れて帰還した雄（昨年の番い相手）との間で取っ組み合いの激しい争いが始まってしまった。ところが帰還した雄を強く排撃しようとしたのは、なんと新顔の雄ではなくて、かつての番いの相手だった雌の方だった。争いは約六日間も続き、遅れて帰還した雄は、四月二十九日の昼ごろから忽然と姿を消してしまったそうである。

この話にはまだ後日談があって、その後は平穏な日々が続き、雛も無事に孵り、雌雄が協力して育てていたが、ある日、新顔の雄も忽然と姿を消してしまったそうである。そこへまた別の新しい雄がやって来て、雌や雛に近づこうとしたが、雌はいっさい近づけさせずに一羽だけで全部の雛たちを無事に巣立たせたという。

この番いの悲劇の最大の原因は、越冬期間中での番いの離散による雄の遅れての帰還にある。雌の行為は、人間社会の道徳観からすれば不貞と見なされるだろうが、雌には種族維持という大切な使命があり、限られた繁殖期間を目前にして生死不明で、しかも再び巡り会えるかどうかも分からないかつての番いの相手の帰りをいつまでも待ち続けるだけの時間的な余裕はなかったのだろう。たとえどのような理由があったにせよ、いったん新たに番いを形成したからには、たとえ後から一度あきらめかけたかつての番いの相手と巡り会うことがあったとしても、それはもはや単なる無縁の異性と見なして割りきらなければツバメ社会での番い関係や秩序は乱れ、ひいては種族維持などもできなくなってしまうことになるだろう。

不倫防止

巣造りを始めてから四日目くらいから交尾が見られる。巣造りしている近くの電線などに雌が止まっていると、雄はクチュクチュジュクジーなどと早口で鳴きながら近づき、ころあいをみて雌の上に一瞬乗り交尾する。このような交尾が巣造り中から産卵が終了するまで一日に何回も見られる。何回も交尾するのは、雌にある貯精嚢《のう》の構造上から最後に交尾した際の精子が受精されやすくなっているからである。雄は、交尾と同時に、他の雄が雌に近づかないように監視するようになる。というのも、雌は全て番いになって繁殖行動に参加するが、雄には番いになれない独身雄もいて、すきあらばといつも雌をねらっているからである。

一方、雌の方も、番い相手の雄よりも長い尾羽の魅力的な他の雄から求愛されると、つい受け入れて交尾を許してしまうからである。ことに短い尾羽の雄と番いになっている雌にはその傾向が強いといわれる。実際にツバメではDNAによる親子鑑定で、番い外父性の雛が二六・六パーセントも含まれていたという検査結果も出ているのである。つまり、ツバメの雌は、雛を育てるために次善の雄と番いになった場合には、遺伝的に優れた他の雄と密かに不倫しているということである。それで雄は雌にぴったりと寄り添ってガードするのだが、その労力は大変なもので、この時期の約一〇日間で雄の体重は一割（二一グラム）くらいも減少するとか。

ツバメに限らず、動物は雌雄に関係なく自分の遺伝子を如何に多く残すかに懸命で、雌をねらっているのは独身の雄ばかりでなく既婚の雄でも同じである。一方、雌は、番い相手以

交尾は一日に何回もする
2004年５月２日　熊本市春日（自宅の前）で

外の雄から求愛された場合には、独身の雄よりも経験豊富で実績がある既婚の雄を受け入れる傾向が強いという。どうやら若い燕（男性）が好かれるのは人間社会だけの現象のようである。

ただ、雌の番い外交尾（不倫）が、番い相手以外の雄からの雛殺しの防止に役立っているというマイナーな考え方もある。いずれにせよ雄ツバメとしては、自分の精子で確実に受精させるためには、番い相手の雌の産卵が終了するまでは、交尾を何回も繰り返すと同時に他の雄が雌に近づかないように監視している必要がある。とくにコロニー（集団）をなして繁殖するような場合には、分散して繁殖する場合よりも雄の番い相手の雌に対する監視は厳しくなり、嘘の警戒声を発して他の雄を追い払ったなどという観察例も報告されている。

〈若い燕〉

年上女性の愛人となっている若い男性のことで、奥村博史が年上の平塚雷鳥への手紙の中で、自身を「若い燕」と書き送ったことに由来するといわれている。

それでは奥村は、自分をなぜツバメにたとえたのだろうか。察するに、恋が実って洋風結婚式での燕尾服（黒色で、後ろの裾《すそ》が長くてツバメの尾のように二つに分かれている）姿を夢見てのことではないだろうか。

ちなみにツバメの社会では尾の長い雄ほど雌によくもてることが分かっている。

マイホーム事情

悪化する営巣環境

番いが形成されると、つぎは巣造りである。巣は、大切な育雛施設で、泥に枯れた藁《わら》やイネ科植物の茎や葉などをおり交ぜて唾液で固めて椀形に造られ、内側の産座には枯れたイネ科植物の茎や葉、羽毛などが敷かれている。壁面に造られた巣の外観は半椀形に見えるが、肝心の内側の産座は椀形になっていて、直径が七～十二㌢、深さが一・五～三・五㌢くらいの大きさがある。

ツバメは、本来は洞窟や断崖の雨に濡れない岩陰《いわかげ》などに営巣していたのだろうが、今日ではそのような自然物での営巣は全く見られず、完全に人工建造物、それも人の姿ができるだけ多い場所を選ぶようにして営巣している。

巣は雌雄が協力して造り、巣材を五～一〇分間隔で運んで来る。ある巣造りでは、巣造り開始四日目の巣材運搬回数は三二〇回を超えた。それで最初から新しく造る場合は、外巣部分を造るだけで通常五～六日はかかる。内側の産座部分はほとんど雌だけで造り、巣材運搬回数も外巣造り時と比べるとずっと少なく一日に一〇回程度で三～四日かかる。それで巣が完成するまでには八～一〇日はかかる。

古巣の再利用も多く、その際は補修だけでよいので、最初から新しく造るときの約半分の期間で完成し、時間と労力がだいぶ節約できる。とくに雄は古巣を再利用したがるようで、前年の古巣が壊れていて、近くにまた別の古巣があったりするとそれを再利用しようとする。雄は巣の外側部分しか造らないが、それでもどうやら巣造りの手間を軽減したいらしい。

前年に巣立ったばかりの若い番いが新天地で初めて営巣するのは大変である。営巣場所は

巣材集め。水辺で泥と枯れ草を同時に集める
1997年４月13日　熊本市土河原町(白川左岸)で

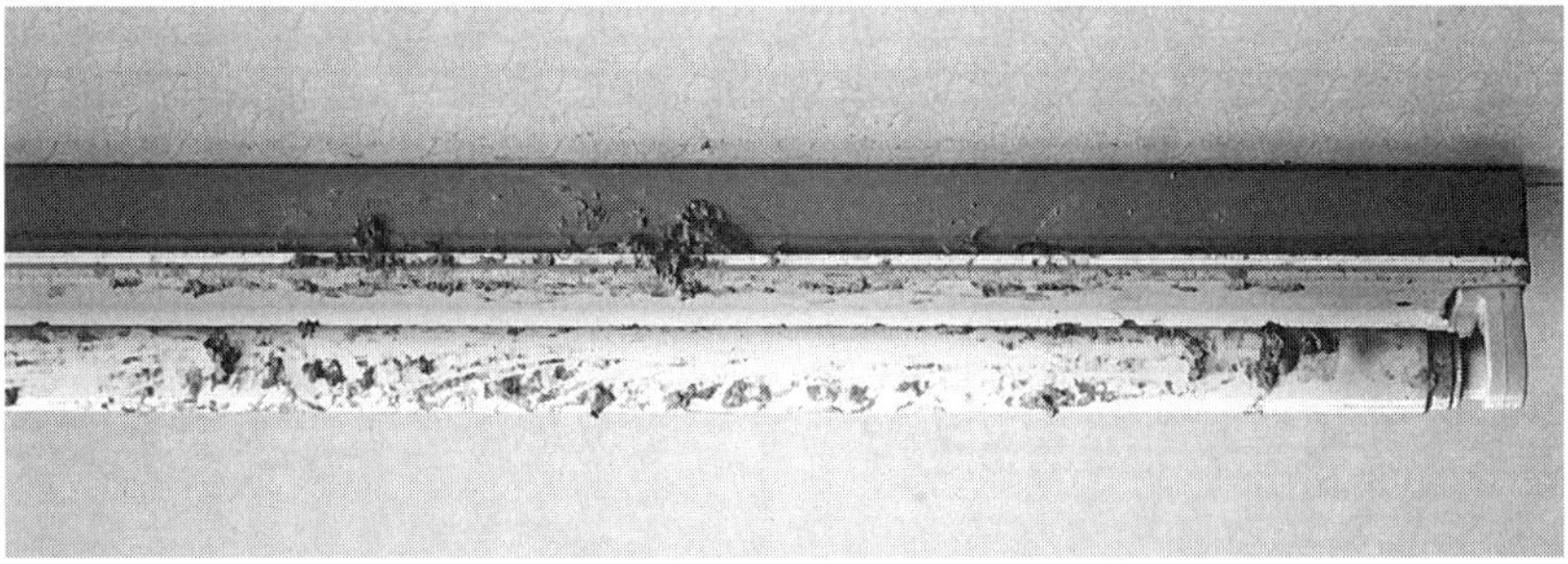

ツバメのつばつけ。営巣場所を決めるに際して試しに泥をつけてみた趾
2001年５月10日　熊本市春日(自宅の車庫)で

雌雄で何度も慎重にチェックし、最終的には雌が決めるようである。営巣場所としての第一の条件は先にもちょっと述べたように、できるだけ人目が多いことである。かつての農家は開放的な造りで、土間や台所、さらには奥の座敷などにも営巣していて、家族の一員同様になっていた。しかし、戦後、なかでも昭和三十年代後半からの空前の〝岩戸景気〟といわれるなかでの生活様式の急激な変化で、住宅もシャッターやアルミサッシの普及によって閉鎖的な建築様式に変わり、以前のように室内に営巣して戸口を出入りする光景などはもう過去の映像となりつつある。

閉鎖的な住宅になってからは営巣場所としては玄関の真上などが好まれる。高層ビルの場合は、せいぜい一、二階までで、三階以上の高さには営巣しないようである。巣台になるものがない垂直な壁面などに営巣するときには、壁面のわずかな凹凸に足の爪と、大きく開いた燕尾の先端部分をひっかけて体を支え、必死になって泥を付けている。新建材には表面がスベスベしていて泥が付きにくく、泥も都市部では舗装が進んで粘性がある良質なものが得にくく、雛が成長して重くなり、湿度が高くなるなどの条件が重なると落下するなどの事故も多発している。

年々悪化する営巣環境下で、ビルの壁面や蛍光灯などに試しのように付けられた「つばつけ」とも呼ばれる横一列に並ぶ泥の塊りをよく見かけることがある。条件の良い場所は既に親鳥たちによって占められているので、若い新参者の番いにとってはさらに厳しい営巣環境下にあるといえよう。そのような中で、以前には考えられなかったような場所での営巣も見られるようになった。次にそれらについてみていこう。

二〇年以上使用の巣

九州中央山地の懐にいだかれた子守唄の里、五木村は、村の中央部を縦走して南流する川辺川に大型のダム建設が予定されていて、村の中心部をはじめとする水没予定区域では立ち退きによる過疎化が進んでいる。五木小川が合流する村中心部の頭地地区も水没予定区域で、既に立ち退きによって、今日、かつての面影もなくなってしまっているが、かつて五木東小学校のすぐ東隣にまるた旅館というのがあった。鳥類調査のときによく利用させてもらっていたが、そこの土間の梁に造られていたツバメの巣は異常に大きかった。なんでも昭和三十七年（一九六二）以前から毎年補修して使用しているものだそうで二〇年以上の年季ものだった。毎年少しずつ積み重ねられてきた巣は、最初の巣台からの高さが二〇センチくらいあって、天井との間もせまくなっていて、巣に止まったツバメもなんだか窮屈そうに見えた。新しく巣を造り直そうと思えばほかにも場所はありそうにみえるが、なぜか同じ巣に頑固に固執し続けているらしかった。あと何年かで天井との間のすき間もなくなるのではないかなどといらぬ勝手な心配をしていたら、立ち退きで旅館ごとなくなってしまった。

心も温まる藁製の巣

「熊本駅に藁でできたツバメの巣がある」と、小学六年生の長女が言った。夏休みの自由研究にと通っている春日小学校区でのツバメの繁殖状況を調べていて気づいたという。

ツバメの巣は、泥に藁屑なども交ぜて造られるが、それはあくまで補強のためであって、主材料は泥であり、藁だけではツバメの巣は造られないだろう。かといって娘が嘘を言っているはずはない。熊本駅までは自宅から徒歩で十分もかからない距離なので、百聞は一見に如しかずと、さっそく見に行くことにした。

ＪＲ鹿児島本線の熊本駅の正面玄関の天井近くの壁面にはツバメの巣が数個あり、そのうちの一つに娘が話したとおりに藁製の巣があった。藁製といっても、それはジュウシマツの巣引き用の人工巣を短めたもので、天井の電線に鎖で固定されていた。巣内には筆毛が生え始めた雛が四羽いて、親鳥は餌運びに忙しそうだった。

このアイデア人工巣は、なんでも二年前に育雛の途中で巣が落下するという事故があり、それで駅構内で客待ちしているタクシーの運転手さんのうちのある方の発案で取り付けられたそうで、タクシー運転手さんたちの間では発案者に敬意を表して〝久永マンション〟の愛

20年以上使用されている巨大な巣(右下が普通の巣)
1982年５月16日　球磨郡五木村頭地(まるた旅館)で

藁製の人工巣での育雛。新建材のスベスベした壁面には泥がつきにくく、巣の落下事故が起きやすい　1983年６月21日　熊本市春日(JR熊本駅)で

称で呼ばれていた。見かけだけでなく人の心の温かさも感じられる藁製の人工巣は、当のツバメにも気に入られているようで、使用されて三年目になるとのことだった。

船に営巣

ツバメがなんぼ人目の多い場所を好んで営巣するといっても、動いている船にまで営巣するとは予想外のことで、まさに、事実は小説より奇なり、といった感じである。

朝日新聞（一九八八年六月十二日付）の記事に、西海国立公園九十九島を巡る長崎県佐世保市営の南蛮風観光海賊船「海王」（一三六トン）にツバメが営巣して四羽の雛を育てている、というのが出ていた。海王は、平日でも一日に四便出航していて、一回の航海には約五〇分かかるそうである。営巣した当初は出航のたびに巣を探し回り、抱卵中には二キロメートルくらいの沖合まで後追いして飛んで来ていたが、雛が孵ってからは船の帰港を待って給餌しているということだった。

一方、西日本新聞（一九九五年七月一日付）にも船に営巣したツバメの記事が出ていた。同じ長崎県の、平戸市野子町では、瀬渡し船（一三トン）の船室入口の屋根下に営巣して、五月中旬に三羽の雛が孵ったとのこと。船主はなるべく船を動かさないようにしているが、やむをえず動かさなければなくなると親鳥は慌てた様子で船の後を追って来るとか。

なんぼ営巣場所を探すのに困っているとはいえ、よくまあ動く船なんぞに営巣したもので、それでよく雛が孵り育つものだと感心する。と、同時に、見かけによらぬ意外な生命力の強さを思い知らされる気がする。

自動ドアを開ける

建築様式が閉鎖的な構造に変化したからといって、日本人のツバメに対する認識まで閉鎖的になったわけではない。なかには建築様式の変化に見事に適応して、自動ドアを開けて室内に出入りする賢い⁉ツバメも出現している。朝日新聞（一九九〇年五月十三日付）によると、鹿児島県日置郡松元町福山の某食鳥処理会社の天井に営巣したツバメは、室内に入る時は、自動ドア周辺を三周して安全を確めると、ドアの真上に設置された赤外線センサーの下で一秒ほど停空飛翔（ホバリング）してドアが開くのを待って入るとのこと。

なんでも同会社にツバメが営巣するようになってから十一年になるそうで、初代のツバメは室内へ入ろうとしてドアに衝突したこともあったそうだが、一か月もすると要領をえたそうである。かつては室内に営巣した場合には、その家の人が朝晩に戸を開け閉めするのに合わせて出入りしていたものだが、自動ドアだと、いったん要領さえのみ込めば、いつでも好きなときに自由に出入りができてツバメにとっても便利だろう。

とはいっても、こういった芸当ができるツバメはまだ例外的ともいえるごく一部のものだけで、多くのツバメたちにとっては、閉鎖的な建築様式の普及は室内から締め出されたといった感じでいることだろう。

〈シナントロープ〉

人の居住地及びそれを取り巻く環境でしか生きられない動物を、ロシアの生態学者H・D・ナウモフは、ギリシャ語の「…と共に」を意味するsynと、人類を意味するanthropos、とから、synanthrope、（シナントロープ）と呼んだが、ツバメは鳥類ではその最たる例といえる。

ツバメが人家に営巣するようになったのは、もちろん人が家を建てて住むようになってから以降で、それもかなりがっしりした家を建てるようになってからだろうから、時代的には比較的新しいことと考えられる。日本最古の物語文学とされる『竹取物語』（九〇〇年ごろ）に、宮内省の炊事場の軒下になかば集団的に営巣しているツバメの話が出てくる。この話の部分が事実に基づくものだとすると日本でのツバメの人家への営巣に関する最古の資料となるだろう。

一方、外国では、旧約聖書の『詩編』八四編三節に「スズメは宿を得、ツバメは自分の巣をかけて、そこに雛を置いている。ああ、主よ、あなたの祭壇にさえ」とあることから、紀元前にスズメやツバメは（人家だけでなく）エルサレムの神殿にも営巣していて身近な鳥として親しまれていたらしいことが推察される。

それでは人が家を建てて住むようになる以前、つまり人がまだ洞窟や岩陰《いわかげ》などで雨露を凌ぐ生活をしていたころには、ツバメはいったいどんな場所に営巣していたのだろうか。動物は一般に厳しい環境条件下におかれると、ときに〝先祖返り〟と呼ばれる行動を見せることがある。それでかつてのくらしぶりもある程度うかがい知ることができるのだが、ツバメの場合は自然物への営巣例など全く見たことも聞いたこともない。それでツバメと近縁な鳥の営巣状況から想像するしかない。ツバメの巣は泥を固めて造られることから雨に濡れるような場所はだめで、たぶん奄美大島以南に留鳥として生息するリュウキュウツバメや、イワツバメ（第Ⅱ編四章の「岩戸の一足鳥」）などのように洞窟の内壁に集団で営巣していたのではないだろうか。

一方、そのような洞窟は、家を建てて生活する以前の人にとっても雨露が凌げる格好の場所でもあった。人にとってツバメは、ときに頭上から落とされる糞で汚されるようなことはあっても、血を吸ったり病原体などを媒介したりする嫌なカやハエなどの、いわゆる衛生昆虫を食べて駆除してくれるありがたい鳥だったに違いない。また、雌雄が協力して一生懸命に育雛するほほえましい光景は、テレビもこれといった娯楽もなかった時代に、心を和ませてくれていたことだろう。

一方、ツバメにとっても人と一緒にいるのは好都合だった。ツバメは飛ぶのは巧みだが、鳥類どうしの間では弱い存在で、特にその弱さは育雛のときに出てしまう。泥を固めて造られた巣はあらわで、カラスのなかまに卵や雛がねらわれやすい。また、巣そのものもスズメなどが営巣するときの格好の巣台としてねらわれやすい。しかし、地球上最強の覇者である人の近くにいればこれらの天敵も近づきにくいだろうから安全である。

こうしてツバメと人の間には一緒にいることによってそれぞれに利益を得るという好ましい共生関係が成立していったと考えられる。

その後、人は洞窟や岩陰を出て、家を建てて住むようになるが、人と一緒にいることの利点を実体験してきたツバメもまた人の後を追って洞窟を後にした。人が建てた家も洞窟と同様、いやそれ以上に雨露にも天敵に対しても安全だった。それに、家のすぐ近くに人が開墾した田畑があって、そこにはツバメの食料となる昆虫も多くて、くらしに便利だった。一方、人にとっても田畑の農作物を食い荒らす昆虫(有害虫)を食べて駆除してくれるのはありがたいことだった。かくして人とツバメとの共生関係は洞窟生活の時代よりもさらに強まり、日本人はだれでもツバメに対してだけは愛鳥家であるといわれるまでの信頼関係が築き上げられてきたと考えられる。

卵

斑紋が意味すること

交尾が行われると、産卵は間近かである。産卵は、一日に一個ずつ、毎朝七時ごろまでに行われる。朝に産卵すると、昼間に活動するのに身軽になれて合理的である。雌が巣内でときどき体の向きを変えたり、苦しそうな荒い息づかいをすることから察することができ、二〇～四〇分くらいかかるようである。ツバメの巣は椀形で上部は開いているものの通常、天井近くに造られているために巣内の様子を直接には観察しにくいので、長い竹竿の先に取り付けた鏡に映して観察するとよい。

卵は、白地に赤褐色の小斑紋があり、全体的には白っぽい。大きさは一九×一四ミリ、重さ一・八グラムほどで、一回の繁殖で三～六個（五個のことが多い）産卵する。

鳥類の卵の色は、当初は爬虫類の卵同様に白一色だったと考えられるが、その後の適応放散でいろんな環境に生息して、巣を造って卵を保護するようになると卵の色もそれにつれて天敵に目立たないように周囲の環境にとけ込んだ保護色を呈するようになったと考えられる。白っぽい卵は、天敵が近づきにくく比較的安全で保護色などの必要がない、しかも暗い場所に産卵する鳥に共通している。同じツバメ科の鳥でも徳利を縦割りしたような巣を造るコシアカツバメや壺形の巣を造るイワツバメ、それに土手に横穴を掘って営巣するショウドウツバメなどの卵はいずれも純白である。ほかに木に穴を穿って営巣するキツツキのなかまや天然の樹洞に営巣するフクロウのなかまの卵などもみな白色で、これらは暗い場所で卵が見えやすくするための適応と考えられている。

ツバメの卵の赤褐色の小斑紋には、巣が椀形で外から見えやすく、目立ちすぎるのを抑える効果があると考えられる。また、本来の洞窟のような暗い場所から人家のように比較的明るい場所に営巣するようになるなかでより増強されてきたとも考えられる。

一個ずつ異なる斑紋

卵の色や斑紋は、子宮下部で着けられ、同じ雌から産まれた場合でも一個ずつ微妙に違っていて、人の指紋と同様に同じものは二つとない。特に最後に産まれる卵は、色素が不足するのか淡色で、かつ斑紋も粗大で「止め卵」と呼ばれている。

即ち、最初に産まれる卵は色が濃く、後から産まれるにしたがって淡く、しかも斑紋も粗大になる傾向がある。それで、卵の色や斑紋の様子から産卵の順序をある程度察知できる。ただ、卵の色は血液や胆汁によっていて、産卵されてから時間がたつにつれて酸化して全体的に黒っぽく変化するので分かりにくくなる。

親鳥に抱かれて

抱卵も雌雄が協力してする。昼夜を通した抱卵は、止め卵（最終卵）の産卵後からだが、雌による夜間の抱卵は、止め卵を産卵する前日ないし前々日の夜から始まる。昼間の抱卵も雌雄が協力するといっても、主役はやはり雌で、雄は、雌が採餌や水飲みなどで巣を離れる間を一時的に補うといった程度で、時間としてはわずかなものである。

それでは雄は、雌の抱卵中には何をしているかというと、もっぱら巣の近くで、ジュピジュピと鳴きながら、他の雄や天敵が近づかないように監視しているのである。たまにはじっと抱卵している雌に食物や水でも運んで来てやればよいのにと思うのは人の考えであってツバメの雄はそんなことはしないようである。

わが家での平成十五年の繁殖では、五卵目を産んだ五月二十五日から本格的に抱卵を開始し、六月九日の朝七時三十五分に四羽が孵っているのに気付き、残る一羽も翌十日の朝六時三十三分には孵っているのを確認した。また翌十六年は、同じく五卵目を産んだ五月四日から抱卵開始し、五月十九日に四羽が孵った（一卵は孵化しなかった）。昼夜にわたる本格的な抱卵開始から十六、七日目（実質抱卵期間十五、六日）に孵化したことになる。雛が孵ったことは、親鳥が卵殻を巣からくわえ去ることで分かる。孵化したばかりの雛は、綿毛状の初生羽もまばらな丸裸同然で、目も開いていない。頭だけが体の大きさに対してやけに大きく、ちょっとした震動で、大きな頭をたよりなく持ち上げ、嘴を大きく開けて小刻みに揺らせて本能的に餌をねだる行動を見せる。孵化したばかりの雛にはまだ体温調節能力がそなわっていないので、自ら体温調節ができるようになるまでの約五日間は、引き続き親鳥に温めてもらわなければならない。抱雛も雌雄でするが、この場合も主役はやはり雌の方である。

抱雛といっても、雛には給餌もしなければならないので、時間は抱卵時の半分くらいでしかない。一回の抱雛時間は雌で約四分間、雄は抱卵時同様、雌が巣を離れている間の留守番をしているといった程度である。

孵化後、五〜八日で目が開き、綿毛状の初生羽の根元に正羽の元になる黒っぽい棘《とげ》のような鞘《さや》羽も見え出し、体温調節能力もそなわると、もう抱雛は昼も夜も全くしなくなる。

育雛《いくすう》

雛の色鮮やかな口内

雛への給餌は、雛が孵った当日から始められる。孵ったばかりの雛にはまだ体温調節の能力がそなわっていないので、当分の間は卵のとき同様に親鳥が引き続き温めてやらなければならない。それに当然のことながら親鳥は自身の食物も探さなければならないから、雛が孵ると、特に雌親は急に多忙になる。

雛が孵る時季になると、わが家では毎朝、雄ツバメの、シャッターを早く上げてくれと言わんばかりのツピッツピッという鋭い鳴き声が目覚まし代りになる。それでまだうす暗い五時には車庫のシャッターを上げることにしているが、少しでも遅れると、シャッターが上がるのを待ちわびていたかのように、シャッターの前を低くグルグル飛び回っていて、いまかいまかと待っているといった感じである。そしてシャッターが三分の一も上がると、もう待ちきれないとばかりにサッとくぐって車庫内に飛び込む。一方、一晩中抱雛していた雌も、雄との交替を待ちわびていたかのように入れ代りに外へ飛び出て行く。

平成十五年六月二十日、孵化後十一日目で、昼間の長さが一年中で最も長いころだが、その日の雛への給餌回数は、妻の観察によると朝五時から夕方の十九時四十分までの十四時間四十分間に約四五〇回だったそうである。平均二分に一回の割合で、親鳥自身はいつ食べているのだろうかと心配になったと感想を述べていた。

親鳥が餌を運んで帰って来ると、雛たちは申し合わせたように一斉に口を開ける。雛の目がまだ開かないうちは親鳥のクイッという鳴き声や、あるいは巣の微かな揺れで、目が開いてからは目より高い位置で動くものがあると、餌を運んで帰って来た親鳥と感知して口を開けているらしい。開いた雛の嘴は、内側が赤く、縁は黄色でゴムのように弾力性があり昆虫の堅い外骨格でもきずつきにくくなっている。親鳥の短くて地味で目立たない嘴とは対照的で、雛の嘴内の色鮮やかさには親鳥の給餌気分を高める効果があると考えられている。

一腹卵数（クラッチサイズ）を産み終えてから抱卵し始めるので一斉に孵化し、雛たちは同じように給餌を受けて一様に成長していく。人間的な感覚でみると、ツバメの親鳥は育雛ではどの雛も別け隔てなく一様に成長するよう気を配っているかのように思えるが、実際は違う。

親鳥の雛への給餌をよく観察していると、親鳥は単に最も大きく開いた雛の口内に餌を入れている。というより機械的に突っ込んでいるといってもよい。雛たちは親鳥が餌を運んで

親鳥は最も大きく開いた雛の口内に餌を入れる
2002年6月20日　熊本市春日(自宅)で

帰って来ると機械的に一斉に口を開ける。その時、最も大きく口を開けてねだるのは最も空腹の雛であり、その雛が給餌を受けることになる。ツバメの巣は壁面に造られていることが多く、従って親鳥が餌を運んで来る方向もだいたい決まっている。それで雛たちは巣内での位置を絶えず入れ替っていて最も空腹の雛が正面の最も良い場所をとっている。要するに親鳥が平等に給餌しているのではなく、雛たちが平等に受け取り、それで結果的には一様に成長しているのである。自然界の仕組みは単純ながら、実に巧妙にできていて感心させられる。

〈托卵〉

自らは巣を造ったり、卵を温めたり、雛を育てるといったことはいっさいしないで他の鳥の巣にこっそり卵を産み込んで、これらのことを全て宿主の仮親に任せてしまうことである。

これは、親鳥が単に大きく開いた色鮮やかな雛の口内に機械的に餌を入れるという習性を悪用⁉　して進化したずるい繁殖戦略である。托卵に際しては事前に宿主（托卵相手）の卵を間引いておくなど入念である。托卵する鳥は、日本ではカッコウやホトトギスなどがよく知られているが、世界中では鳥類全体の約一パーセントに当たる五科約八〇種が知られていて、旧世界に広く分布している。

大きく開けたカッコウの雛(左)の口内に餌を入れるセッカ(右)の仮親
1972年８月３日　阿蘇郡一の宮町(現·阿蘇市)で

ウグイスの巣に托卵されたホトトギスの大きい卵(右手前)。色はウグイスの卵にそっくりである
1988年７月30日　上益城郡矢部町(現·山都町)で

托卵する鳥が宿主にする相手の鳥の種類は、托卵する鳥の種類ごとにだいたい決まっていて、托卵するに際してはいくつかの共通点が認められる。その一つめは、宿主としては托卵する鳥より体が小さい鳥が選ばれること。二つめは、鳴いて血を吐くホトトギスなどと言われているように親鳥だけでなく、雛の口内も非常に鮮やかな赤色をしていること。三つめは、托卵する鳥の卵は、体の大きさの割りには小さく、殻が厚く、色は変異が大きく多型で、しかも孵化日数が著しく短いということなどである。

托卵されて孵化した雛は、まず自分の体に触れるものは宿主の卵だろうが雛だろうが何んでもかんでも背のくぼみにのせてかたっぱしから巣外に放り出して巣を独占する。

しかし、宿主の仮親は、そのような〝鬼子〟の傍若無人の悪業を見ても止めようとはせず、それどころか実のわが雛よりも大きく色鮮やかに口開く〝鬼子〟にせっせと餌を運んで来て与えるのである。また、カッコウの雛は、イギリスでの最近の研究で、仮親の実の雛一巣数羽分の鳴き声を出して仮親の給餌を一身に集めているらしいことも分かってきた。実のわが雛を犠牲にして、それとも知らずに他の鳥の雛を一生懸命に育てている光景は、本能が成せるわざとはいえ、なんだか不憫に思えてくる。

雛のメニュー

ツバメは昆虫食で、飛んでいるのや糸にぶら下がっているもの、あるいはまだ羽化したばかりで水面に浮いていたりするのを、飛燕とか燕返しと呼ばれる素早く巧みな飛び方で空中で生け捕っている。その素早い身のこなしは見事で〝燕返し〟は江戸時代初期の剣客佐佐木巌流（通称小次郎）が案出した素早い刀さばきの剣法名にもなっている。ツバメが高く飛べば晴れで低く飛べば雨などという諺《ことわざ》もあるが、これは天候によって昆虫の分布する高さが違ってくることによっている。

ツバメの嘴は小さくてあまり目立たないが、開くと意外に大きい。ツバメとよく似た嘴をもち、同じ昆虫食のヨタカは、なんでも大口を開けたまま、まるでプランクトンネットでも引くように空中を飛び回って、カなどを吸い捕るといわれ、それで別名を蚊吸鳥とも呼ばれているが、ツバメも同じようなことをしているのだろうか、それとも見つけて追いかけ、つまみ捕っているのだろうか。なにしろ小さな鳥が、しかも高速で飛びながら小さい昆虫を捕らえているのだから、直接の観察で、捕らえ方や、捕らえた昆虫の種類を明らかにするのはなかなか困難である。なにしろ急降下して捕るときの速さは時速二百キロメートルにもなるという。

しかし、雛が何を食べているかは、巣の下に落ちている糞中に未消化状態で残っている昆虫の外骨格（キチン質）を調べるとよい。もちろん昆虫の種類によっては消化してしまうも

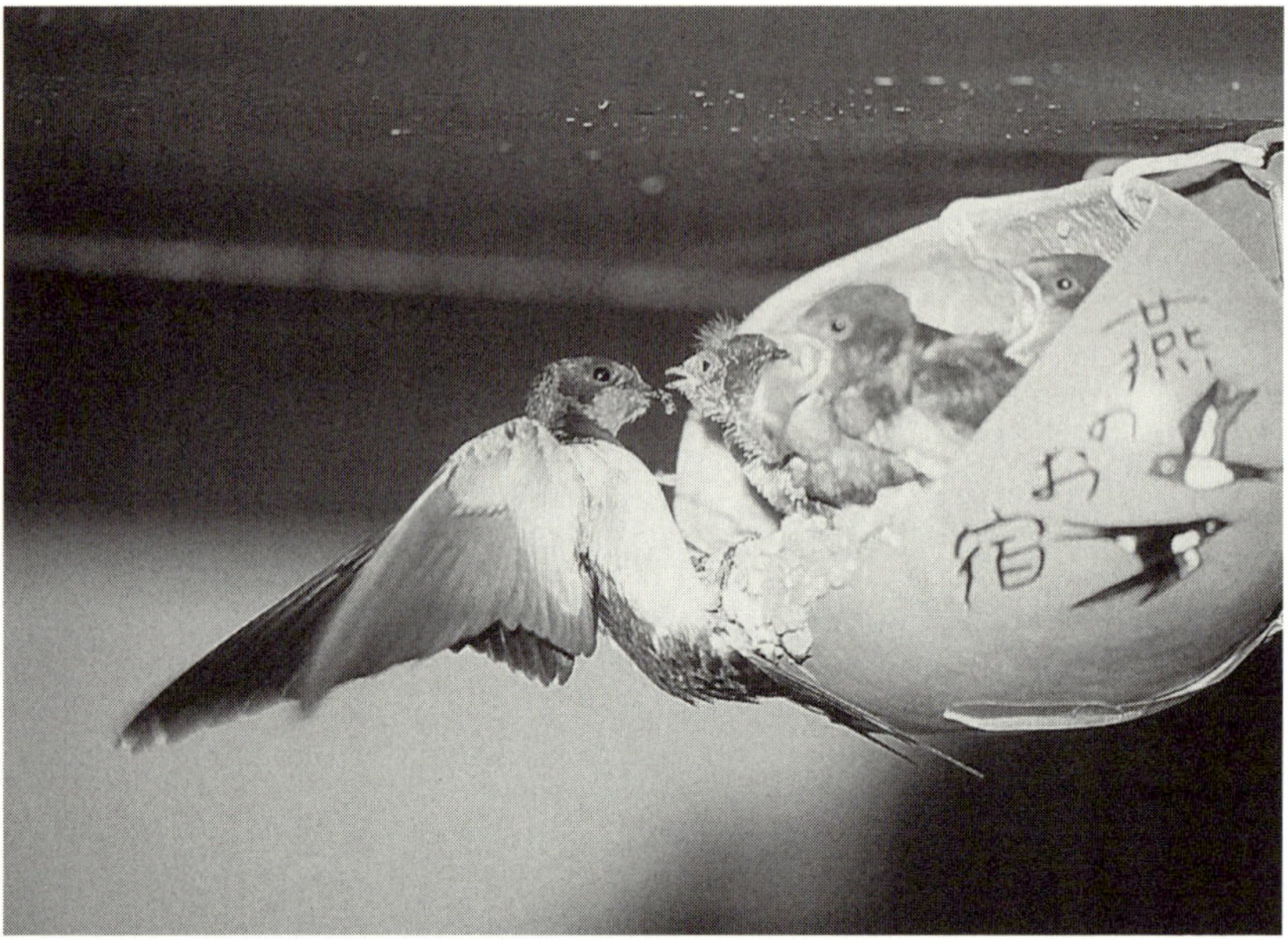

与えている昆虫は小さくて種類までは分かりにくい
2004年６月２日　熊本市春日(自宅)で

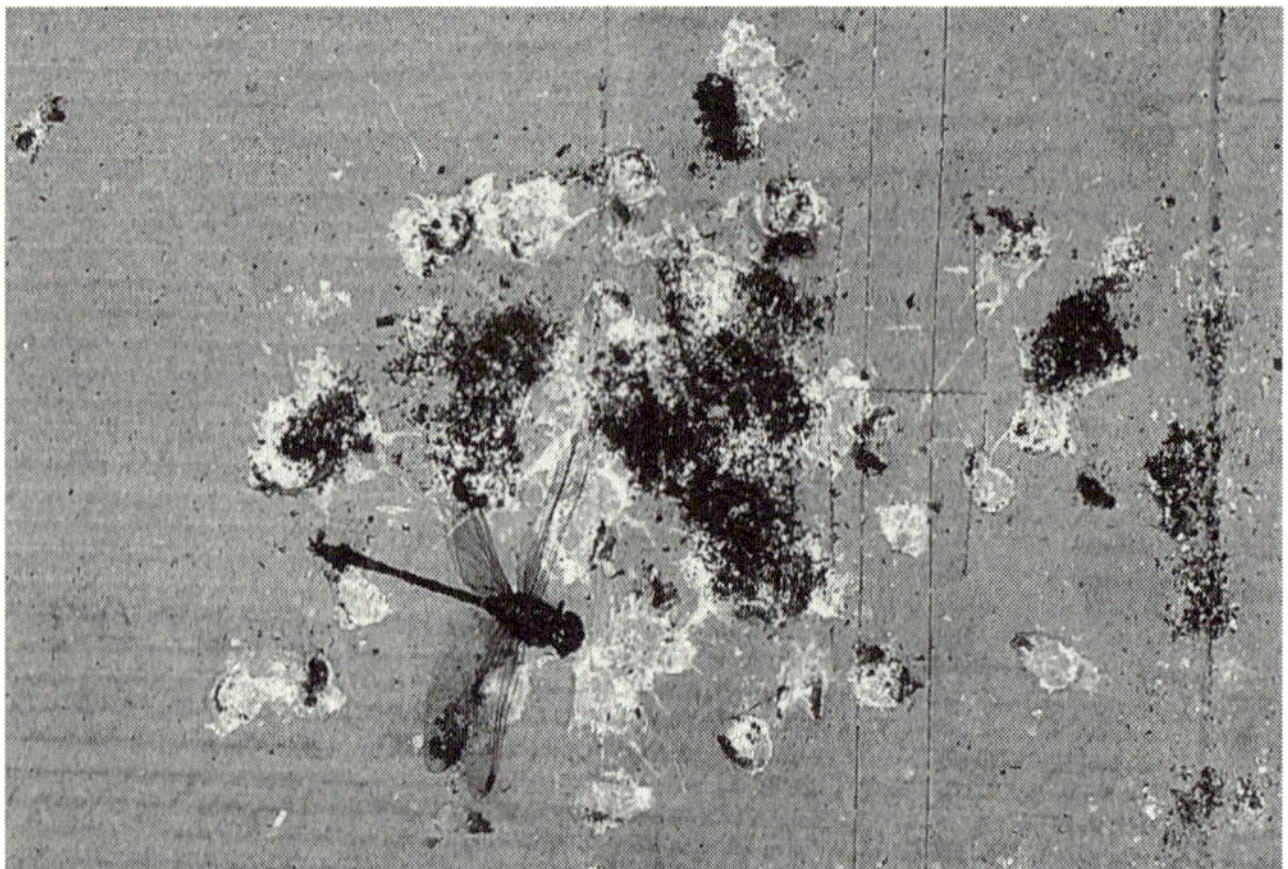

巣の下に敷いたダンボールの上にたまった雛の糞(左下は雛がもらいそこねて落ちたトンボ)
2004年６月３日　熊本市春日(自宅)で

のもあるだろうから糞の分析だけで雛の食事内容の全容が明らかになるとは考えられないが、大まかなことは分かるだろう。雛は餌を食べるとすぐ糞をする。糞は雛がまだ小さいうちは親鳥がくわえて巣外に運び去るが、孵化後十日もすると自分で尻を巣の外に向けてするようになるので巣の下で拾い集めるとよい。雛が小さいうちは、餌もハエやアブ・クロオオアリなどの小さい昆虫が多く、雛が成長するにつれてナツアカネ（トンボのなかま）やガなどの大きい昆虫も含まれるようになる。食事内容は実に種々雑多でテントウムシのなかまやゾウムシのなかま、ゴミムシのなかまなど鞘翅目の昆虫（甲虫）などもけっこう含まれている。

また、主に地上にいるものや翅のないものなども含まれている。たとえばクロオオアリは主に地上や地中で生活していてちょっと意外に思えるが、夏季の分封の際には女王アリと雄アリには一時的に翅が生えて新婚飛行をするので、そのときに捕られているのである。当のクロオオアリにとってはまさに決死の新婚飛行ということになるだろう。また、ガのなかまのまだ飛べない幼虫や翅がないクモのなかまなどは、糸にぶら下がっているときに捕られたらしい。空中にいるものは何でも手当たり次第に捕らえて与えているといった感じで、特に選り好んで捕らえて与えているといったことではないらしい。

ツバメの餌（昆虫）

目	亜目	科	種
カゲロウ		ヒラタカゲロウ	？
トンボ		イトトンボ	？
トンボ		イトトンボ	フタスジサナエ、ナツアカネ
直翅		バッタ	？
シロアリ（等翅）		シロアリ	？
半翅	異翅	カメムシ	？
半翅	異翅	ミズムシ	コミズムシ（エサキコミズムシ）
半翅	同翅	ウンカ	セジロウンカ
半翅	同翅	ヨコバイ	ツマグロヨコバイ
トビケラ（毛翅）		？	？
	糸角	ユスリカ	？
		アブ	？
		ハナアブ	ハナアブ

双翅 短角	ショウジョウバエ	？
	イエバエ	？
	クロバエ	キンバエ
	ニクバエ	？
膜翅	ヒメバチ	？
	アリ	クロオオアリ
鞘翅（甲虫）	クロオオアリ	？
	ゴミムシ	マルガタゴミムシ
	テントウムシ	？
	ゾウムシ	コフキゾウムシ
チョウ	メイガ	？

＊既知の観察記録を昆虫分類順に単に整理し配列したもので、摂取量とは無関係である。

豊富な餌と採餌時間

巣内の卵や雛は天敵にねらわれたらひとたまりもない。それで親鳥としては安全にできるだけ早く巣立たせる必要がある。当然のことながら雛の食欲は成長するにつれて増す。巣立ち間近かなある一日の観察では、雛への給餌は朝六時から夕方七時までの十三時間に六百回を超えたそうで、約一・三分に一回の割合となる。日本を含む北半球の温帯以北の地では、春から夏にかけて無数の昆虫が発生し、その最盛期とツバメの繁殖期が一致していることも分かっている。

また、この時季には昼間が長いのも昼行性のツバメの育雛には好都合である。高緯度になるほど昼間が長くなり、北緯六六・六度以北では一日中太陽が沈まない白夜となる。昼間が長いとそれだけ採餌時間も長くとれ、一日の育雛時間も増して効率よく短期間で育て上げることができるからである。長距離の渡りには危険も多く、かなりの犠牲も伴うと考えられるが、それでも遠路はるばる渡来するというのは、やはりそれを上回る利点があるということである。

ネオン街での効率的な夜間採餌

昼間だけでは満足しないのか、夜間にまで採餌する働き者もいる。ＪＲ鹿児島本線の熊本駅前には明るいネオンの広告塔があり、これがまるで誘蛾灯のようにもなっている。駅の裏手には万日山（一三六メートル）と花岡山（一三三メートル）が駅を取り囲むようにしてあり、駅前のすぐ近くには白川や坪井川も流れていて、集まる昆虫は種類、個体数ともに多く、夕暮れともなると、夜行性のアブラコウモリと昼行性のはずのツバメが入り交じって飛びながら採餌する一見奇妙な光景が見られる。それにしてもツバメにとっては実に効率的な採餌方法で、よく気づいたものと感心させられる。

〈有害虫駆除〉

ツバメがほとんど手当たり次第に捕らえていると考えられる昆虫の中には、当然、人の血を吸ったり病原体を媒介したりするカやハエなどの、いわゆる衛生昆虫と呼ばれているものや、イネの大有害虫と見なされているセジロウンカやイネの萎縮病を媒介するツマグロヨコバイなども多数含まれていて、ツバメの有益性については古くから認識されている。実際、フランスでは一九世紀末にツバメの渡来数が減少してカが増加し、その結果熱病が流行したことがある。

ツバメの有益性について、一九六〇年の野鳥週間に出された栞に、次のように書かれている。「日本中のツバメがその年に捕食する害虫を人間がとるとしたら、八万六千人からの人員が毎日最高率の労働を二百日もつづけなければなりません。一人に一日四百円の日当を支払うとすれば六十億円からの巨額となります。ツバメはたいへん国民税金の軽減者です。また、人家のまわりで人間の大嫌いな蚊や蠅を捕って伝染病も抑制してくれます」日当四百円とは隔世の感がし、算出方法がいまひとつはっきりしていないが、なんとなく分かりやすいたとえではないだろうか。

日本人が農耕、ことに稲作を始めて以来、今日まで、ツバメの有益性は時代を超えて変わることはない。田植えのときに、虫除けの呪いに、紙にツバメをかたどったものを畦に立てる地方もある。静岡県磐田市の矢奈比売《やなひめ》神社や福井県小浜市の田の神祭りの神輿《みこし》にはツバメの装飾が施されているという。ツバメは、イネの有害虫を捕食して駆除してくれ、豊作をもたらせてくれるありがたい穀神の使いと見なされて、捕ったり、いじめたりすると罰（火事になったり、盲目になるなど）が当たるなどといって大事に保護されてきた。稲作文化を築いてきた日本では、農民だけでなく全国民が、ツバメに対しては愛鳥家であると言っても過言ではない。また、隣の中国でもツバメは幸運をもたらせる鳥として大事にされているという。

天敵

　これまでは、ツバメの餌の内容やその捕らえ方についてみてきたが、動物の世界は食う・食われるの関係で成り立っており、次にツバメがほかの動物の餌食になる場合についてみてみよう。

　前やうしろや右左、ここと思へば又あちら、燕のやうな早業に……。文部省唱歌『牛若丸』（一九一一年）の一節である。ツバメは、流線形の体に長い翼と長くて深く切れ込んだいわゆる燕尾をもち、飛ぶのが速く、しかも燕尾を開閉して急旋回や急降下も自由自在で、天敵などちょっといないようにもみえる。たしかにツバメの元気がよい成鳥が、何かほかの動物に捕食されたなどというのは見たことも聞いたこともない。

　しかし、巣は人工建造物に造られてよく目立つことから卵や雛が天敵にねらわれ、犠牲になることはけっこう多いようである。

カラスのなかま

営巣場所周囲の環境にもよるが、建築様式が閉鎖的になり、室外での営巣が多くなった今日、ツバメの卵や雛にとっての最大の天敵は、カラスのなかま、その中でも特にハシボソガラスだろう。私もハシボソガラスがツバメの巣を襲うのを何度か目撃している。その中で特に印象に残っているのは、平成三年五月二十一日、熊本県南部にある人吉市立矢岳小学校隣の人家でのことだった。その日の朝、出勤途中に、矢岳小学校手前隣の人家の軒下からハシボソガラスが一羽飛び出した。へんな場所から飛び出るなと思ってよく見ると、何かをくわえていた。もしかしてと飛び出たあたりの軒下を見ると、前日まであったツバメの巣がなくなり壊れて落ちていた。ツバメの巣を襲ったところだったのである。くわえていたのはよく見えなかったが、白っぽかったので、たぶん卵だったと思われる。

また、最近では平成十六年の、これまた偶然にも同じ五月二十一日のことである。午後四時二十分ごろ、熊本市の中心部を流れる白川の河口左岸、熊本市沖新町の高砂公民館近くを車で通りかかったとき、七、八羽のツバメがツチッツチッと鋭い声で鳴きながら乱舞して騒いでいるのが目に留まった。何事だろうと速度をおとして注目すると、前方左側の人家の庭の生け垣から道路上にハシボソガラスが一羽突然舞下りた。と、そのハシボソガラスが見上げた先の高砂公民館軒下のモルタルの外壁にはツバメの巣があり、その訳が分かった。これはまずいと思った次の瞬間には、弾みをつけるようにして飛び上がると鈍重で不器用な格好で巣を襲った。何か黒い塊をくわえて道路に舞下り、略奪品をいったん路上に置いて確認でもするようなしぐさをみせたが、食べられるものがなかったのかそのまま置き去りにしてツバメたちに追いたてられるようにして飛び去った。黒く見えた塊は泥巣の破片で、まだ巣造りの途中だったらしく不幸中のさいわいだった。それでも曇り空の下でのくらい出来事だった。

妻もハシボソガラスがツバメの巣を襲う場面にこれまで二度遭遇したことがあるそうで、一度目は、平成十年四月二十一日の午後一時ごろ、自宅近くの歯科医院玄関横のコンクリート柱に造られたツバメの巣にハシボソガラスが突然やって来て巣を壊すのを偶然目撃したそうである。予期せぬ突然の出来事だったので唖然とし、追い払う声も出なかったそうである。二度目はなんとわが家でのことである。平成十五年五月七日の午前九時ごろ、一階の車庫で〝ドン〟と鈍い大きな物音がしてツバメが鳴き騒ぎだしたので何事が起きたのだろうかと急いで車庫を確かめに行くと、ツバメの巣が壊れ落ちていて、ハシボソガラスが一羽ちょうど卵をくわえて飛び去るところだったそうである。それにしてもハシボソガラスにはツバメの巣があることがどうして分かったのだろうかと妻はしきりに不思議がっていた。

ツバメの巣を襲うのはハシボソガラスだけかというとそうではない。平成十六年にわが家のツバメの巣の雛を襲ったのはハシブトガラスだった。六月三日、木曜日は生ゴミの収集日で、朝から家の周辺でハシブトガラスの姿が目立っていた。と、八時二十分のことだった。ツチッツチッと鋭いツバメの鳴き声に何事が起きたのだろうかと二階の書斎の窓から隣の屋根を見ると、なんと嘴いっぱいに小鳥をくわえたハシブトガラスが一羽止まっていて、私と目が合うとすぐに飛び去った。くわえていたのは大きさからしてたぶん先ほどから隣の庭のヤマザクラの果実を食べに来ていたムクドリの幼鳥だろうと思ったが次の瞬間、もしかしたらと思い急いで一階の車庫のツバメの巣を確認しに行くと、あんのじょう雛の姿が見えなくなっていた。念のためにと巣内観察用の竹竿の先に取り付けた鏡に巣内を写して見るも四羽いた雛はおらず、何か黒い塊が見えるだけである。なにしろ暗くてよく見えないので脚立を持ち出して近くからよく見ると、黒い塊は巣の底に身を沈めて死んだように固まっている雛で、一羽だけ奇跡的に助かっていたのである。車庫の床にはまだ伸びきっていない羽数枚が散乱していた。三羽もくわえていれば道理で大きく見えたはずである。

生き残っていた生命運の強い雛は、その後親鳥からの給餌を一身に受けてすくすく成長し、それから二日後の六月五日に、通常より三、四日も早く、孵化後十八日目にして無事元気に巣立ち、少しはほっとした。

それにしてもわが家では二年続けての災難である。聞けばご近所でも同様の被害を受けられているとかでツバメの未来は大丈夫だろうかと少々心配になる。人家に営巣していてもこのありさまである。ツバメが地球上の覇者である人の生活に寄り添って生きるようになった理由が分かるような気がする。

ツバメの巣を襲うのは、カラスのなかまも育雛期で、餌探しに懸命なのだろう。それではツバメはカラスのなかまの襲撃に対しては全く無抵抗かというとけっしてそうではなく、接近に早く気付いた場合などには集団でのモビング（擬攻撃）で追い払いに成功することもある。平成十六年五月一日の正午近くのことだった。ツバメがツチッツチッと鋭い声で激しく鳴き騒ぐので何事が起きたのかと妻が窓の外を見ると、家の前の電柱に止まっている一羽のハシボソガラスに、二羽の夫婦と思われるツバメが交互に急降下して、まさに体当たりせんばかりにして威嚇のモビング（擬攻撃）をしていたそうである。ハシボソガラスは、ツバメのいつもとは異なる気迫に満ちた行動に戸惑い圧倒されたのか、体当たりせんばかりに急降下して来るたびに頸を縮めてかわすだけでじっと止まっていたが、そのうちすきをみるようにして飛び去っていったそうである。その朝、わが家一階の車庫内の巣では卵が二個になっていたので、ハシボソガラスを撃退したのは、たぶん巣卵の主のツバメ夫婦だったにちがいないだろう。

ツミとハヤブサなど

熊本県南部の九州中央山地に抱かれた球磨郡多良木町黒肥地地区では、ツバメの雛が巣立つころになるときまってツミがやって来て巣立ったばかりのツバメを捕って行く、という話を地元の鳥獣保護員から興味深く聞いたことがある。ツミは日本産最小のタカで、雄はヒヨドリくらいの大きさしかなく、もっぱら小鳥を捕食しているが、飛ぶのが巧みなツバメも飛行未熟な幼鳥のときはやはりツミの餌食の対象になるのだろうか。

また、ハヤブサやチョウゲンボウ、オオタカなどの猛禽類が塒入り前のツバメの集団を襲っているのも観察されている。それらの猛禽類はよほど空腹だったのだろうか。

クマネズミとアオダイジョウ

かつてまだ開放的な造りの家が多くて土間の梁などにツバメが営巣していたころには、天井にすむクマネズミや、それをねらって室内に入って来るアオダイショウにツバメの卵や雛、ときには親鳥までもが犠牲になることがよくあったものである。

しかし、物騒な世となり家の造りが閉鎖的なものになるとツバメも締め出されて仕方なく、もっぱら軒下の外壁に営巣するようになり、一方、クマネズミやアオダイショウもめっきり少なくなって、今日では特段とり上げる天敵ではなくなってしまったようである。

ツバメの古巣を利用して営巣するスズメ。ツバメの巣は格好の巣台となる
1973年６月16日　飽託郡(現･熊本市)河内町で

スズメ

これまでのように捕食が目的ではないが、繁殖を阻害するものにスズメがいる。熊本日日新聞（一九九五年七月十三日付）によると、芦北郡田浦町（現・芦北町）の民家の軒先のツバメの巣を七月十一日朝、スズメの集団が執拗に攻撃、親鳥の威嚇にもかかわらず雛三羽は背をつつかれ巣の下に落ちて死んでいたとのこと。

スズメはなぜそのような残虐なことをしたのだろうか。スズメはツバメの古巣を利用して営巣することがあるので、たぶん営巣場所として巣が欲しくて手荒い行動に出たのだろう。ツバメもスズメも人家に営巣することが多いので営巣場所をめぐって競合することもけっこうあるのではないだろうか。

クモ、その他

イギリスの詩人バイロンは事実は小説より奇なりと言ったが、それを地で行くような記事が、宮崎県延岡市の『夕刊ポケット』（一九六一年七月十三日付）に出ていた。なんでも同市本小路東、新原堺薬品専務宅裏の杉林でツバメがクモの巣にかかり、網はよれて針金のようになった先に宙吊りになっていたので、朝七時ごろ、竹竿で助け出されたとのことである。

たぶん巣立ち後間もない幼鳥だったと考えられる。ツバメの幼鳥に限らず、動物の経験未熟な子には危険がいっぱいである。ツバメの雛が巣立つ時季になると、道路上で自動車に衝突して落鳥したツバメの幼鳥の死体をときおり見かける。成鳥ではそのようなことはないようだが、飛行の名手になるにはやはりそれなりの訓練と経験の積み重ねが必要で、未熟なうちは自動車を避けきれなくての事故である。

このほか、ツバメが、チョウゲンボウ（一九八三年十月十六日、熊本市沖新町）や、サシバ（一九八一年八月十九日、熊本市硯川町）、それにササゴイ（一九七〇年七月二十四日、人吉市南泉田町）などにモビング（擬攻撃）しているのを見かけたこともある。その理由ははっきりしなかったが、これらの鳥がツバメにとって嫌な存在であることは間違いなさそうである。

ネコ

野性動物ではないので天敵とはいえないかもしれないが、ツバメにとっては怖い存在である。わが家にはいつの間にか居着いてしまった黒ネコがいる。日ごろはおっとりしているように見えるが、困ったことに小鳥を捕るのがなかなか上手なのである。わが家では平成十四年に待望していたツバメが初めて営巣して五羽の雛を育てていたが、六月二十四日の夕方のこと、そのうちの一羽を、その黒ネコの〝クロちゃん〟がくわえて部屋に入って来た。すぐに取り上げたが、すでに息絶えていた。急いで車庫の巣を確かめに行くと、やはり予想どおり、五羽いた雛が四羽しかいなかった。一羽だけ特に成長が早いのがいて羽ばたきの練習などをしていたが、巣立ちにしてはまだ早く、誤って巣から落ちてしまったのだろう。車庫入口横の、兄弟姉妹がよく見える場所の植え込みに手厚く葬ってやった。

かつて農家の土間の梁などに営巣していたころには雛だけでなく、戸外に出たくて高く低く飛び回っているうちに親鳥がネコに捕られるなどということもときどきあった。ツバメにとってもネコにとっても生活環境は大きく変化したが、それでもお互い近くで生活しているので今日でもときにはネコの犠牲になることがあるらしい。

雛殺し

同種のことだから天敵とはいえないが、ツバメの雛にとって最も用心しなければならないのは同じツバメかもしれない。ツバメの雛が孵るころになると、雛が巣の下に落ちて死んでいるのを見かけることがときにある。巣が浅い椀形なので落ち易くはあるが、それにしてもまだ小さくて自ら動いて転落死したとはちょっと考え難い。かといって天敵の仕業にしては、せっかくの獲物をそのまま放置するとも考え難い。なかにはツバメが雛をくわえて巣から落とすというちょっと意外な行動を実際に見られた方もあるだろう。ツバメの雛殺しについては日本人はかなり古くから気付いていたようである。詳しくは第Ⅲ編六章の「説話でのツバメの雛殺し」で述べるが、既に江戸時代中期に刊行された『新著聞集』（一七四九年）に見出される、ツバメの雛殺しを題材にした説話は実際の観察をもとに創作されたとしか考えられないからである。従来の動物行動学の常識を覆し、生物観の大変革をもたらせるような貴重な事実にせっかく気付きながら、自然科学として体系化されなかったのは少々惜しい気もする。

雛殺しをするのは、だいたい親鳥以外の別の雄である。先の「不倫防止」（本書二五頁）のところで述べたように、ツバメの雌は全て番いになって繁殖行動に参加するが、雄には番いになれない独身雄がいて、常に自分の遺伝子コピーを残す機会はないかとねらっている。

ツバメに限らず、鳥類には、一般に繁殖に途中で失敗するとまた最初からやり直す習性がある。それで、なかには雛を殺すという強引な方法でそういう機会をつくろうとする不逞《ふてい》の輩も現れるのである。

一昔まえだと動物行動学の常識からすれば、ツバメの雛殺しのように同じ種類の動物同士が殺し合うなどというのは種族（種）維持の大原則に反することで考えられないことだった。しかし、今日の利己的な遺伝子論では、個体は種族のために尽くすのではなく、個体は自分自身の子孫（自分の遺伝子コピー）をできるだけ多く後代に残そうと懸命で、ときにはきわめて利己的な行動をするが、結果として種族も維持され、より適応した多彩な生活様式をもつ種へと進化していくと説明する。こういう考えのもとではツバメの雛殺しもそうショッキングな珍しい行動ではなくなった。親鳥としては、ほかの天敵だけでなく、むしろ卑近な同族の中に雛にとっての脅威があり、育雛中は気が休まることはないのである。

〈動物の子殺し〉

動物の子殺しというショッキングな行動が学会で初めて発表されたのは、昭和三十九年（一九六四）にモントリオールで開催された、霊長類の社会的コミュニケーションについての国際学会でだった。杉山幸丸氏は、発表当時まだ二十九歳で、京都大学理学部の助手として、南インドのカルナタカ州ダルワード近郊で、インドでは神猿と崇められているハヌマンラングール（ヤセザルの一種）の社会構造を解明するための観察をしていて、子殺しという従来の動物行動学の常識を覆す行動に遭遇したのだった。

ハヌマンラングールは一頭の雄を中心にハーレムを形成しており、その中心に君臨する雄を打ち負かせてハーレムを乗っ取った新しい雄は、すぐ先代雄の乳飲み子を次々と噛み殺す。すると、子を殺された母ザルは間もなく発情して新しい雄を受け入れ、新たな生命を宿すことになる。哺乳類は、一般に授乳中には妊娠しないが、乳飲子が途中で死んだりして授乳しなくなると妊娠が可能になる。ハーレム乗っ取りは、交尾期の初めになされ、子殺しのすぐ後には交尾が行われる。雄の性的欲求による利己的で衝動的とも思える一連の行動が、結果としては自分の子（自分の遺伝子コピー）を早く宿らせることができることになる。一方、雌にしても、ハーレムから追放された先代の雄と運命を共にするより、新しい雄を受け入れた方が生存上有利だろうし、より強い子を産むことにもなるだろう。なにも特定の雄にこだわっている必要はないのである。子殺しの行動を同氏はこのように解釈したのだった。

しかし、発表当時の動物行動学の常識では、同じ種類の動物同士が殺し合うなどというのは種族（種）維持の大原則に反することで考えられないことだった。生きものはそれぞれの種族維持の方向に進化してきていて、そのためのきちんとした厳しい約束（掟）もできていて、それぞれの個体はそれを守って生きている。たとえばオオカミ同士の戦いでは、弱者が急所の首筋を強者にさらして「服従の姿勢」をとると、戦いはそれで終了し、殺し合いにまで発展することはない、とコンラート・ローレンツは著書『ソロモンの指環』で述べている。このように動物間の争いでも、それぞれの種族ごとに攻撃抑制の約束（掟）ができていて、そのことは遺伝子にもちゃんとプログラムされているというのである。要するに維持されるべきものは種族であり、個体はそのために努力しているというのが当時の生物観だったのである。そういう状況下での発表だったので、画期的な大発見による新理論も、単に特殊環境下での異常行動と見なされてしまった。

しかし、一九七〇年代に入って、動物の子殺しの行動は、アメリカの研究者らによってインド各地で追認され、もはや特殊環境下での異常行動ではないことがはっきりしてきた。さらにその後、子殺しは、サルのなかまだけでなく、哺乳類はもとより、鳥類などでもひろく知られるようになり、それほど珍しい行動ではないことも分かってきた。そして子殺し行動の発見は、今日の「利己的な遺伝子論」の端緒となり、それまでの種族維持大原則の生物観は百八十度の転換をせまられることになったのである。

巣立ち

雛は、孵化後約三週間で巣立つ。体の大きさが同じ位のほかの小鳥に比べ約一・五倍の長さである。巣立つとすぐ空中生活をしなければならないので十分成長するのに時間がかかるのだろう。

わが家での平成十五年の繁殖では五羽が七月一日の午前中に巣立ったが、孵化したのは六月九日に四羽で、残る一羽は翌十日の午前中だったので、孵化後二十二、三日目（実質巣内育雛期間は二十一、二日）の巣立ちで平均的なものだった。

しかし、翌十六年の繁殖では五月十九日に四羽が孵化（一卵は孵化せず）したが、孵化後十六日目の六月三日に雛三羽がハシブトガラスに食害されてしまい、生き残った一羽の雛はそれから二日後の六月五日午前中に無事巣立った。孵化後十八日目（実質巣内育雛期間十七日）という異例の早さで、これは残った一羽への給餌集中による促成育雛の結果だろう。

雛は、巣立ち近くになると羽ばたきの練習を始める。初めのうちは羽をほんの数秒間打ちふるわせる程度だが、日増しに羽ばたきの回数も一回の羽ばたき時間も増していく。練習に際しては、巣から誤って飛び出したりしないように巣の縁に内側向きに止まってする。

巣立ち当日になると親鳥の態度が一変する。親鳥は、餌を運んで帰って来ても、雛が空腹で餌をどんなにねだっても与えようとしないのである。餌が欲しければここまで取りにおいでといわんばかりに巣の外から見せびらかすだけである。するとそのうちに空腹に耐えかね、身軽になっている雛のうちの一羽が意を決したかのように巣から飛び出て親元へと向かう。親鳥は、巣から飛び出た雛を安全な場所まで誘導すると、ご褒美とばかりに餌を与える。それを見ていた残っている雛たちも見習うようにして次々と巣立って行くのである。

災難を乗り越えて

平成十五年のわが家でのツバメの育雛は多難続きだった。五月七日にはハシボソガラスに巣が襲われて卵が盗まれたし、その後に造り直した巣も五月十四日に落下するなどご難続きだったが、三度目の挑戦で、七月一日に、後ればせながらもなんとかめでたく巣立ちを迎えることができた。

孵化後二十三日目の朝、親鳥のいつもとは異なる興奮したようなせわしない鳴き声に、もしかしてと、二階のガラス戸越しに様子を見ると、家の前の電線にツバメの幼鳥が一羽止まっていた。尾羽が短いのですぐ幼鳥と分かった。どうも巣立ったらしいと言うと、妻はすぐ巣を確認しに車庫へ下りて行った。

巣には、前日まで四羽いた雛が二羽しかおらず、一羽は車庫のコンクリート床にいて、妻が近づいても飛ぼうとしなかったという。前年のようにネコに捕られでもしたら大変と見に行くと、話のとおり床の上にじっとしていたが、べつにけがしているふうでもなかったので、そっと飛ぶように促すとヒラヒラと飛んで車庫入口横のヨドガワツツジの頂に止まった。飛べることも分かり、ここならネコに捕られる心配もなさそうで、ちょっと安心した。まだ飛行の練習中で、時間がたてば飛び方もだんだん上手になるはずである。

それから一時間後の八時三十分には、巣の雛は一羽だけになっていた。ヨドガワツツジに止まっていたのもいなくなっていて、家の前の電線に二羽と、もう一羽はコンクリートの門柱上に止まっていた。巣に残っている一羽は、既に巣立った三羽に比べてやや成長が遅れているようで体もいくぶん小さめで、頭上や背の一部には綿毛状の初生羽も少し残っている。巣立ちは翌日以降になるだろうと予想していたら、その残る最後の一羽も、妻が九時四十三分に巣を見に行ったときには巣立っていて、巣は空になっていたそうである。孵化して二十三日目の巣立ちだった。

落ちこぼれと兄弟愛

私が勤めに出かけた後は、妻が引き続き観察していたが、妻の話では、巣立った幼鳥たちは家の前の電線のだいたい決まった同じ場所に止まっていて、親鳥が餌を運んで来てくれるのを待っていたという。

三羽はだいたい一緒に行動していたが、最後に巣立ったやや発育が遅れた一羽は飛ぶのも未熟で、なかなか電線の高さまで飛び上がれず、道向いのマンションの金網のフェンスに止まっていたかと思うと、今度は、見ている妻がいる方に飛んで来てすぐ目の前のガラス戸の桟に止まったり、また舞い戻ってマンションの階段の手すりに止まったり、再び道を横断して下隣の屋敷の庭のマキの頂に止まったりと、どこを目差しているのか、実に頼りげない飛び方でフラフラしていたそうである。そうこうしているうちに十一時近くになって雨が降りだして心配していると、下隣の屋根に飛んだときには、他の一羽も後を追って一緒に止まってくれたので、他の兄弟姉妹にも見放されていないことが分かってほっとしたそうである。その後十一時十一分になって家の前の電線にやっと四羽がそろって止まったそうである。ただ、三羽はときどき飛び立ってはしばらく飛び回り、帰って来てはまた止まるということを繰り返していたが、一羽はじっと止まったままで、親鳥が餌を運んで来るのを待っていたという。

巣立った当日。巣の前にある電線上で親鳥(左)から給餌を受ける幼鳥たち
2003年７月１日　熊本市春日(自宅の前)で

私が勤めから帰宅した十八時ちょっと前にもまだそのような状態が続いていた。一羽は電線の同じ場所に止まったままだったが、親鳥が餌を運んで来てくれていたのであまり心配はしなかった。しかし、だんだん日も暮れ、十八時三十分に三羽は親鳥と一緒に飛び去ってしまい一羽だけとり残されてしまった。そしてとり残された一羽は、そのまま電線上で夜を明かすはめになってしまった。さいわい風雨の心配はいらないようで、餌ももらっていたので大丈夫とは思うが、やはりなんとなく気がかりで、夜間に何度もカーテンのすき間からそっと様子をうかがった。羽毛を膨らませ丸っこくなって休んでいる姿が向い側のマンションの灯にシルエットとなって浮んで見える。

翌朝四時五十九分に親鳥がやって来て餌を与えているのを見て、ほっとし、眠れなかった永い夜もようやく終わった。その後、八時には兄弟姉妹の三羽もやって来て四羽そろって例の電線のおきまりの場所に止まって親鳥が運んで来る餌をもらうほほえましい光景が見られた。親鳥が幼鳥に餌を与えるのは飛びながらで、けっして電線に止まってから与えるようなことはしなかった。さすが空中生活者といわれるツバメならではの給餌方法と感心した。

燕の学校

巣立って十日くらいすると自分で餌が捕れるようになるらしい。その間は、カラスのなかまやツミ・ハヤブサ、あるいはネコなどにねらわれたり、自動車との交通事故に遭ったりと危険な時期で、親鳥に守られて給餌を受けながら生きる知恵を身につけるらしい。

平成十五年の巣立ち後の幼鳥は、数日間は昼間、特に夕方に巣があった家の前の電線に集まって鳴きはしゃぐ光景が見られたくらいで、巣に戻ることは昼、夜ともに一切なく、前年の平成十四年のときとはひじょうに対照的だった。

平成十四年の巣立ち後の幼鳥は、巣立った後十日間は、夜には決まって巣に帰って来て塒をとっていたし、昼間は巣立ち後約一か月間くらいはときどき巣に帰って来て止まって休んでいるのを見かけたものである。

平成十五年の巣の位置は、十四年と異なり、車庫入口裏手上方のシャッター収納庫にあって、外敵には外側からは見えなくて都合がよいが、外から帰って来て巣に止まるにはUターンしなければならず、かなりの飛翔技術が必要である。それで幼鳥は巣に帰れなかったのかもしれない。あるいは巣立った後、巣の場所を見失ってしまったのだろうか。理由はどうであれ、営巣環境や親鳥によって幼鳥の巣立ち後のくらしぶりはかなり異なるようである。

二番子

親鳥は、一回目の雛（一番子）を巣立たせて二週間もすると、時間を惜しむかのようにして再び二回目の繁殖にとり掛かる。二回繁殖するのは、一回目の繁殖を済ませた番いの半数以上とみられ、同じ巣を補修する程度でとり掛かる。二回目の繁殖は、梅雨明けの暑い時季に当たり、暑さには強いとみられるツバメだが昼間、暑そうに口を開けて抱卵している姿は大変そうである。夏バテ気味のときそんな光景を目にすると、つい自分ももっと頑張らなくてはと励まされてしまう。

二回目の繁殖での一腹卵数（クラッチサイズ）は一回目よりやや少なめの四〜五個で、七月中にはだいたい二番子も巣立ち、その年の繁殖は終了する。

白ツバメ

ツバメの雛が育つころになると、ときに白い雛が話題になる。色素の欠乏による白化ないし白変はまれながら理論上は全ての動物に生じる一種の病的症状と見なされる。ツバメは最も身近かで繁殖し、しかも巣が椀形で雛がよく見えることから他の動物に比べて見つかり易い条件が備わっている。もともと幸運をもたらせる縁起のよい鳥とされているうえに珍しさも加わって余計に注目され話題にもなるのだろう。

熊本日日新聞（一九八〇年五月二十九日付）によると、上益城郡矢部町（現・山都町）田小野で三羽もの白ツバメが育っているという。なんでも六羽いるうちの三羽が白いとか。新聞の写真では三羽とも全身が真っ白で、それにしては目が黒っぽくはっきりと写っているのが印象的で、記事でも目は真っ黒となっていた。白化や白変にも程度の差があり、完全に色素を欠いた白子（アルビノ）では、目は、毛細血管中の血液が透けて赤く見える。赤色だと白黒写真ではこんなにはっきりとは写らないだろう。どの程度の白化か白変かを実際に見て確かめたくなった。

白ツバメ孵化地を訪ねる

昭和五十五年（一九八〇）六月一日、家にじっとしているのはもったいないような晴れた日曜日である。新聞の写真での雛の大きさと、取材されてからの経過日数とを考え併わせると、たぶん巣立ってしまっているだろう。しかし、まだ近所にいて見られるかもしれない。そう考えてあまり期待はせずに物見遊山のつもりでドライブがてらに訪ねてみることにした。御船川沿いの国道445号は坂とカーブが多く、県道152号（稲生野—甲佐線）に移ると道幅もせまくなり、人家も途切れがちである。道の両側から山がせまり、離合を気にしながらしばらく行くと、急に視界が開けて集落も見えてきた。小さな橋に「たおのばし」の字を読みとりほっとする。阿蘇の南外輪山外側斜面の山麓に当たる場所である。

白ツバメが三羽も孵ったという園田正直さん宅は、小高い場所に建つ新しい大きな家だった。坂を上って行くと、まず大きな納屋があって、開いた窓から何羽ものツバメが入れ替わり立ち替わり出入りしていた。事前に連絡しないでの突然の訪問だったが、新聞を読んでの訪問で、その目的を話すと、人柄のよさそうなご年配のご婦人が懇切丁寧に応対してくださった。

白ツバメは、やはり予想していたように二、三日前に全部巣立っていて、近所でも見かけないとのことだった。白ツバメが巣立った巣は先ほどのツバメが出入りしていた納屋にあった。納屋は、一〇間×三・五間ほどの細長い二階建ての造りで、一階が牛舎、二階は倉庫になっている。一階の牛舎の部分は七つに仕切られていて、親子併せて一〇頭の赤牛が飼育されている。天井が低くて暗い中、大きな梁にツバメの巣が七個も造られていて、まるで集団繁殖地（コロニー）といった感じである。巣と巣の間隔はせまいところでは二m《メートル》もない。まだ雛がいる巣もいくつかあって、開け放たれた窓から餌を運んで帰って来たり、餌探しに出かけて行く親鳥たちが牛の頭をかすめるようにして飛び交っている。白ツバメが巣立ったという巣は、奥の階段横の梁に、他の巣とはちょっと離れた感じであった。巣の近くにタバコの吸い殻を入れたタマネギ入れの網袋が吊してあるのは、たぶんヘビ除けの呪《まじな》いのためだろう。

いろいろ説明を聞いていると、白ツバメが巣立ったというその巣にツバメが飛んで来て止まり、運んで来た泥を巣の縁にくっつけ始めた。どうやら二回目の繁殖の準備を始めているらしい。たぶん同じ番いだろうからまた白ツバメが孵る可能性は高く楽しみである。やはり思いきって訪ねてみてよかった。

ツバメの親鳥は生きていれば毎年だいたい古巣がある同じ場所に帰還するし、幼鳥も巣立った場所の近くに帰って来ることが知られている。遺伝子の中には、全ての色素を無くさせる劣性の遺伝子があるが、こうなかば集団的に繁殖していると近親交配も起きやすいだろうし、その結果、そうした劣性遺伝子のホモ接合の確率も高まって白化も起きやすくなるだろう。

二番子にも白ツバメ

その後、二番子の時季を迎え、電話ででも様子を聞いてみようかと思っていると、親切にもまた白ツバメが孵っていると電話していただいた。二、三日前に気付かれたそうで、羽毛が生えるにつれて白さが目立ち、後二、三日以内には巣立ちそうだとのことだった。大雨注意報も出ていたが、この機会を逃してはいけないと思って出かけ、今度は首尾よく間に合っ

白い雛(二番子)。同じ巣で2回続けて白い雛が孵化するのは珍しい
1980年7月10日　上益城郡矢部町(現·山都町)で

た。例の階段横の巣には、もうかなり大きくなった雛が五羽いて、そのうちの一羽が白かった。目は新聞の写真で見たのと同じように黒っぽくてよく目立つ。しかし、なにしろ暗くて色がよく分からない。それで、親鳥が出かけて不在の間に脚立を借りて近くからよく見ると、虹彩は灰色で、頭上から背にかけて薄く灰色ががり、喉の部分も薄く褐色味を帯びている。完全な白子（アルビノ）ではないが、少し遠くからではほとんど全身真っ白といった感じに見える。前回の一番子の白ツバメもこれと同じようなものだったのだろうか。体の大きさは、他の四羽に比べて少し小さく見えた。

その後、電話で聞いた話では、五羽の雛たちのうち、白ツバメを除く四羽は七月十二日朝に巣立ち、残る白ツバメも一日遅れて翌十三日朝には無事に巣立って行ったそうである。こうした白ツバメは病的なものと考えられ、特に目の網膜の感覚細胞が傷つきやすくて視力障害が生じやすい。それに外敵にも目立ちやすいなどの生存上不利な条件下にあり、一般に短命とみられている。どうか無事に長生きしてほしいものである。

そのことは別にして、同じ巣で二度も続けて白ツバメが孵ったのは珍しい。

〈白ツバメは瑞鳥〉

ツバメが黒いのは黒色素メラニンによる。メラニンは色素細胞でつくられる約一ミクロン（一〇〇〇分の一ミリ）の粒子で、棒状で黒色ないし灰色のユーメラニン（真正メラニン）と、卵形で赤褐色からくすんだ黄色までの一連のフェオメラニンとがあり、アミノ酸の一種で無色のチロシンがチロシナーゼという酵素によって酸化されてできる。メラニンの量が通常より少なくなると白っぽくなり、逆に多くなるとより黒くなる。

メラニンの生成にはいくつかの遺伝子が関係しており、突然変異でその機能が失われるとメラニンが生成されずに全身が純白の白子（アルビノ）になり、目は毛細血管内の血液の色が透けて赤く見える。ひじょうに稀な現象だが、一〇万ないし一〇〇万羽に一羽くらいの確率で出現するともいわれている。

白子（アルビノ）の出現は古来瑞祥とされた。日本の文化では古来、清浄がなにによりも尊ばれ、色では白が最高とされてきたが、それに希少価値も加わるからなおさらである。大化六年（六五〇）二月に穴門《あなと》（長門の古称で山口県のこと）国司から孝徳天皇に白キジが献上された際は吉兆として、和号が「白雉」に改められた。もちろん白ツバメも瑞鳥とされ、発見され捕獲されると天皇に献上されていた。『日本書紀』巻二十七の天智天皇紀「六月六月《みなづき》　葛野郡《かどののこほり》　白鷰《しろつばくらめ》を献《たてまつ》る」の記事があり、同巻三十の持統天皇紀「三年八月　讃吉國《さぬきのくに》の御城郡《みきのこほり》に獲たる白鷰《しろつばくらめ》　放ち養《か》ふべし」の記事もある。白鷰は、「しろつばくらめ」や「しらつばくらめ」、または「つばひらく」（大言海）と読まれ、白化ないし白変した白いツバメのことである。

　時代は下り、江戸時代の図解百科辞典『和漢三才図会』（寺島良安編、一七一二年）には、「京房（易占）によれば、人が白燕を見れば貴女が生まれる。それで燕を天女という」とある。白ツバメを見た私にはどんな幸運がもたらされるか楽しみである。

二章　非繁殖期

水辺に群れる

親鳥が二回目の繁殖にとり掛かるころ、一番子として巣立った幼鳥たちは、ほかで巣立った幼鳥たちと一緒になって群れ、しばらくは巣の周辺域で過ごす。夜には大きな建物の屁の下や街路樹などの決まった場所で集団で眠る。日がたつにつれて生活の場を郊外に移し、夜は主にアシ原で眠るようになる。しかし、なかにはまれだが、巣立った場所に留まって弟妹になる二番子への給餌を手伝ったなどという観察もされている。

やがて二番子も巣立ち、その年の繁殖期が終了すると、親鳥もその年に巣立った幼鳥たちと一緒にユスリカやトンボなどの餌となる水生昆虫が豊富な河川や湖沼、水田などの水辺に集まってくらすようになる。日中は餌を捕ったり、水を飲んだり、また水浴びしたり、羽繕いしたり、日光浴をしたりして過ごす。

飛翔が巧みなツバメは水飲みも水面をかすめるように飛びながらする。また、水浴びも飛びながらし、一瞬水に飛び込むようにして水しぶきを上げて全身に浴び、頭をぶるっとふるわせて水を切りながら飛び立つ。ほんの一瞬の水浴びでカラスの行水どころではなく、水飲みと紛らわしくて注意して観察していないと見逃してしまいそうな簡単なものである。

夜にはアシ原に多数集まり、アシの茎に止まって眠る。夜の集団塒はアシ原に形成されることが多いが、熊本県内でも阿蘇山西麓の広大な丘陵地の酪農地では近くに広いアシ原がなく、牛馬の飼料に植えられている広大なトウモロコシ畑に大規模な集団就塒場が形成されている。塒入りは、日没後二〇~四〇分くらいしての暗い中で低空を飛んで一気になされる。また、翌朝の飛び立ちは小群に分かれて行なわれ、日の出前には完了するので、集団塒は多数が集まる割には人目に止まりにくい。

このように昼も夜も群れるくらしが渡るまで続く。

アシ原に集団就塒《しゅうじ》

塒《ねぐら》入り

太陽は沈み、あたりがだいぶ暗くなった中、熊本市南東部を西流する木山川の左岸堤防上を下流方向に車で帰宅を急いでいたときである。左手前方堤防下の乾田上から突然四、五〇羽のスズメ大の小鳥の群れが後方に向けて飛び去った。カワラヒワにしては飛び方が違うし、速すぎる。かなりまとまった群飛で、コウモリのなかまとも違う。もう暗くてよく見えないが、車のルームミラーで飛び去る先を必死に追うと、群れは九州自動車道の高架橋のすぐ手前で堤防を低く越えると左岸のアシ原に消えた。どうも止まったようで、急いで車をバックさせる。舞い下りたと思われるあたりのアシ原まで来ると小鳥の騒がしい鳴き声が聞えてきた。やはり群れはアシ原に舞い下りていた。川面をバックに姿をシルエットにして浮かび上がらせてみると、なんとツバメだった。先着のものもいるのだろう、相当数いる。暗い中で、目線より低く飛ばれたのでは、たとえ明るくても真っ黒い背中側しか見えず、どれだけ群れていても種類はなかなか分からないだろう。平成十五年十月四日、よく晴れた十八時三十分のことだった。

アシ原に入って一〇分もすると興奮も鎮まったのか静かになった。スズメの塒入りがまだ明るい中、見上げる高さで三々五々かなりの時間をかけて行われるのとは対照的で、このような用心深い塒入りの仕方だと集まる個体数が多くても簡単には気付かれないだろう。

翌、十月五日は、塒入りの様子をもっと最初から見てみようと、十七時から前日の塒近くの見晴らしのよい場所に車を留めて待機した。日没予定は十七時五十七分で、太陽はもうとっくに沈んでいるのにツバメの姿は一向に見えない。と、十八時十五分だった。すっかり暗くなった上空低くに突然湧き出たように数百羽のツバメが一団となって現れ、高く低く、かなりのスピードで乱舞しだした。日はもうとっくに暮れ、腹の白さも目立たず、大群といえども背景によってはすぐ見失ってしまいそうである。目線をできるだけ低くして空や水面を背景に群れの動きを見失うまいと必死である。そのうちどうやら前日より五〇《メートル》ばかり下流側の右岸のアシ原あたりで動きが止まったようである。そっと確認に向かうと、群れが鳴き騒ぐ声が聞こえ、やはり間違いなかった。塒入りは前日とほぼ同時刻の十八時二十分だった。

このように日によって塒の場所を替えるのは、これだけの数がいたら一晩に排出される糞も相当な量になるだろうから、嗅覚が発達しているイタチやタヌキ、あるいはアオダイショ

アシ原に集団就塒する
2004年９月12日　下益城郡(現･宇城市)松橋町で

ウなどの天敵を引き寄せてしまうからだろう。

塒からの飛び立ち

平成十五年十月五日、塒から飛び立つ様子を見ようと早朝から出かけた。日の出予定時刻が六時十四分なので、遅くともそれ以前に目的地に着かなければと、所要時間を差し引き逆算して出かける。途中、六時には、まだ日の出前のうす暗い中、熊本市中心街の街路樹の塒から飛び立ったスズメの群れが、前方の空を南方向へ次々と飛び去って行くのを見て、ツバメももう飛び立っていないかと心配になる。六時十分、日の出予定時刻（六時十四分）より四分、実際の日の出時刻の六時三十八分より二十八分も早く着いたのだが、果たして心配したとおり、既に飛び立ってしまっていた。

翌、十月六日は、早朝から小雨が降っていたが、前日の苦い経験があるので、さらに早く訪ねた。しかし、前日の夕方に塒入りした場所のアシ原にツバメの姿は見い出せず静まりかえっている。またしても飛び立った後だろうか?……。と、ちょうど六時だった。突然のようにツバメが数十羽群れになって飛び立ち、南の方向に一直線に飛び去って行った。と、それに触発されたようにまた数十羽の群れが飛び立ち、同じ方向に飛び去った。飛び出したあたりのアシ原をよく見ても止まっているツバメの姿はいっこうに見つからず不思議である。まるで手品でも見ているようで突然アシ原から数十羽ずつ飛び出しては飛び去って行く。けっきょく六時二十分までの二〇分間に、そのような断続的な飛び立ちが続いた。塒から飛び立つ際も、スズメの場合は割と短時間にほとんど一斉に行われるのとは対照的だった。

南へ向けて

平成十五年十月六日の朝、塒を飛び立ったとき、どの群れも全て南の方向を目指したのは偶然だろうか。それを最後にそれ以降、木山川流域ではツバメの集団塒は見られなくなったので南方へ渡ったのだと考えられる。

昆虫食のツバメは、冬には日本では停が捕れなくなるので南の暖かい地方に移動しなければならない。日本で冬を越せずに落鳥したツバメの死因は、寒さでこごえ死んだというより、餌が捕れずに餓死した場合がはるかに多いという。

南へ向けての渡去の時季〝燕去月《つばめさりづき》〟は陰歴八月の異称だが、当然寒さの訪れが早い北の地ほど早くなる。北海道では既に八月上旬から渡去が始まるといい、関東より北の地方や中部山岳地帯での渡去はだいたい九月いっぱいで終了する。関東以南の地方では越冬するものも

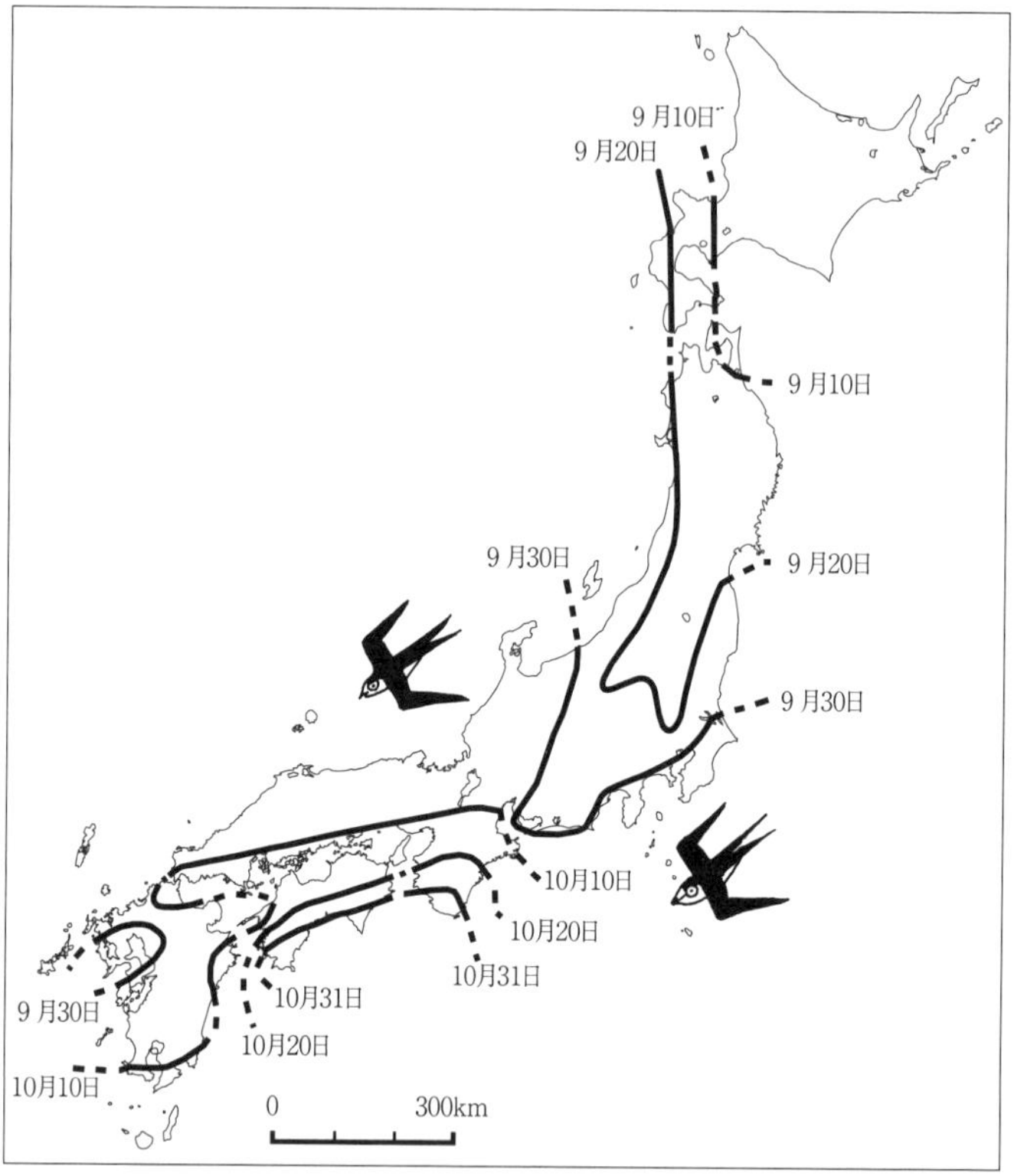
9 月10日
9 月20日
9 月10日
9 月30日
9 月20日
9 月30日
10月10日
10月20日
10月31日
9 月30日
10月31日
10月20日
10月10日
0
300km

ツバメの渡去(南下)前線

いるので渡去の時季ははっきりしにくいが、十月下旬までには渡去するものと考えられる。渡去するときの気温は、関東より北の地方では最低気温が一〇度以下になるころで、関東以南の太平洋沿岸地方では最低気温が一五〜二〇度以下になるころである。それら以外の地方では一〇〜一五度以下になるころとみられている。

南を目指すツバメたちは、南北に長い日本列島を、各地にある集団塒を点々と移動しながら渡って行くのだろうと考えられている。日本の最南端部にある石垣島などでは八月下旬になると、渡りの途中に翼を休めるツバメの大群が見られるようになるという。一九九一年八月三十一日に大阪市の淀川河川敷で標識放鳥されたツバメが翌月の九月十六日にフィリピンのバタンで見つかっている。一六日間で二一六〇キロメートルを渡ったことになり、毎日飛び続けたとして一日平均一三五キロメートルずつ南下したことになる。

秋の渡去期間は、約一か月半で、春の渡来期間が約二か月半だったのに比べてだいぶ短くなっている。繁殖を済ませればもう用はないということだろうか。ツバメが日本に逗留する期間は、九州南部では約二三〇日間なのに対して北海道北東部では約一二〇日間で、約半分程度でしかない。

〈ツバメ空輸救出作戦〉

「石川県で南に帰りそびれたツバメ百羽近くが吹雪にうたれて震えており、早く何とか救いの手をうたないと、みんな死んでしまうだろう」

産経新聞の正木輝日記者は、正月用に野鳥に関する読物記事を何か書こうと思い、昭和三十四年（一九五九）十二月二十五日の午後に林野庁指導部を訪ねた際に、松山資郎企画官からこんな話を聞かされた。なんでも十一月二十七日に、日本野鳥の会石川県支部主催の柴山潟での探鳥会の際に時季外れのツバメ数百羽が観察されたそうで、その後、寒さに耐えられるか心配した野鳥の会の有志や、そのことを知った地元の片山津中学校の生徒たちによって塒の発見と保護に努められてきたが、やはり十二月二十一日の雪で激減してしまったと日本野鳥の会石川県支部長から報告があったばかりだったのである。

〝何とか救いの手を〟と、新聞記者の泣きどころをつかれた正木記者は、以前、昭和六年（一九三一）九月にオーストリアの主都ウィーンで、季節外れの寒気の中、北から渡って来てアルプス越えを前にして凍死寸前になった国鳥のツバメたち十万羽以上を飛行機や汽車で暖かい地中海沿岸のイタリアのベニスまで運んで救ったことがあったのを思い出し、それらのツバメをツバメの越冬地で知られている静岡県浜名湖畔の舞坂に空輸することを思い立った。

すぐ各方面に協力を依頼し、十二月二十九日夜、野鳥の会有志や片山津中学校の生徒たちの協力で見つけた片山津の温泉旅館の倉庫の庇の下に重なり合うように寄り添って塒をとっている三羽を網で捕獲すると、翌十二月三十日の朝、産経新聞社のセスナ機で、正木記者に付き添われて、小松飛行場から航空自衛隊浜松基地まで空輸された。基地からは待機していた松山資郎企画官によって、自衛隊のジープで浜名湖畔の河合繁治さん宅へ無事に届けられ、越冬している四五〇羽の群れに仲間入りさせることに成功した。救出できたのはわずか三羽と少なかったが、なんとも心温まる話ではないだろうか。

越冬地はどこ

これまで普通に見かけていたツバメがある時季になると突然のように見られなくなる。そして一定期間が過ぎると再び姿を見せる。既に、旧約聖書のエレミア記第八章第七節に「天空のコウノトリは定められた時を知り、コジキバトとツバメとツルはその来たる時を守る」とある。ツバメはいったいどこへ行っていたのだろうか。太古の昔から毎年決まった時季に繰り返されるツバメの見え隠れに、人は限りない好奇の目をもって興味をいだき、そのなぞ解きに多くの先人たちが挑んできた。

ヨーロッパでは古くから「ツバメは冬の間は地中海に潜っている」と信じられていたよう

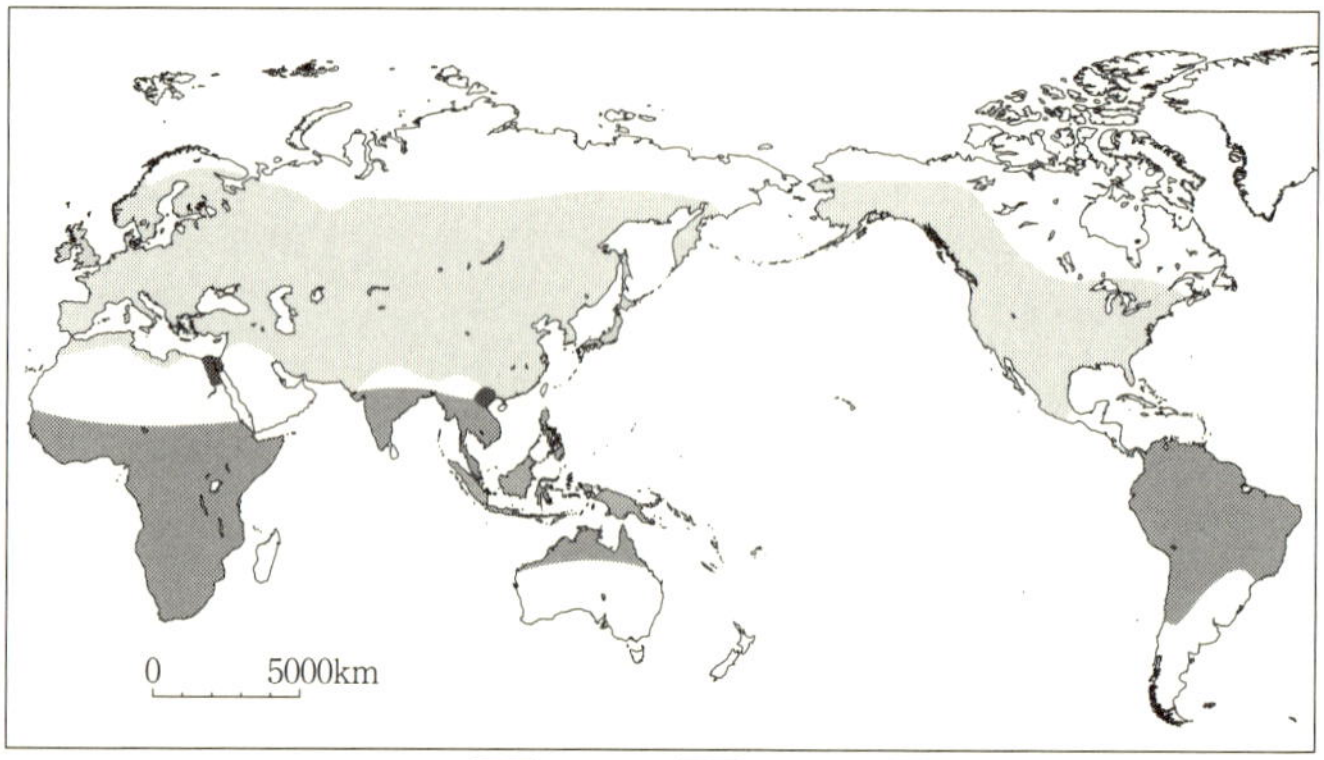

ツバメの分布　繁殖地　越冬地　周年生息地

である。一方、中国では「ツバメは秋になると泥の中に入って春まで出てこない」といわれていた。このほかにも、ツバメは冬の間は洞穴や枯木の穴に隠れているとか、はたまた月世界に飛んで行っているとかいろいろにいわれていた。古代ギリシアの最大の博物学者とされるアリストテレス（前三八四〜前三二二年）でさえ、二三〇〇年前の『動物誌』で、「北国のツバメは南国へ渡らず、その国で穴の中に丸裸（羽毛が抜けて）で越冬する」と述べている。まさかツバメのような小鳥が広い海や大陸を自力で移動するなどとは考えられなかったのだろう。動物の二名式命名法を考案したスウェーデンの博物学者カール・フォン・リンネも『自然の体系』（一七三五年）に「ツバメとイワツバメは秋には水に潜り、春になると出てくる」と書いている。また、同時代の有名な学者、セルボーンのギルバート・ホワイトもツバメは土中で冬眠すると考えていた。このほかフランスの動物学者キュビエもツバメは冬の間は泥中に隠れていると信じていたらしい。

しかし、その後一八九九年にデンマークのクリスチャン・モルテンセンが、番号と住所を記した亜鉛製足輪を付けて渡りを調べる方法を考案し、ツバメの越冬地もしだいに明らかになってきた。それによると、ヨーロッパで繁殖するツバメはアフリカで、北アメリカで繁殖するツバメは南アメリカでそれぞれ越冬することが分かった。ヨーロッパで繁殖するツバメの越冬地をさらにもっと詳しくみると、イギリスで繁殖したものはアフリカ南部で越冬し、ドイツで繁殖したものはアフリカ中部以北で、ノルウェイやスウェーデン、デンマークといった北欧で繁殖したものはアフリカ中部以南で越冬するといった具合である。

日本での足輪による標識調査は大正十三年（一九二四）から始められており、日本で繁殖したツバメの越冬地としては、台湾・フィリピン・マレー半島南部（マレーシア）・カリマンタン島（ボルネオ島）北部・ジャワ島（インドネシア）・ベトナム南部などが知られており、なかでもフィリピンでの回収例が多い。

昭和五十三年（一九七八）十二月末にカリマンタン島（ボルネオ島）北部を訪ねたとき、最初に見た野鳥はツバメだった。北部西海岸のブルネイ空港では真夏を思わせる太陽の下、日本で繁殖しているのと同じ亜種と思われる腹の白いツバメが何羽も飛び交っていた。サバ

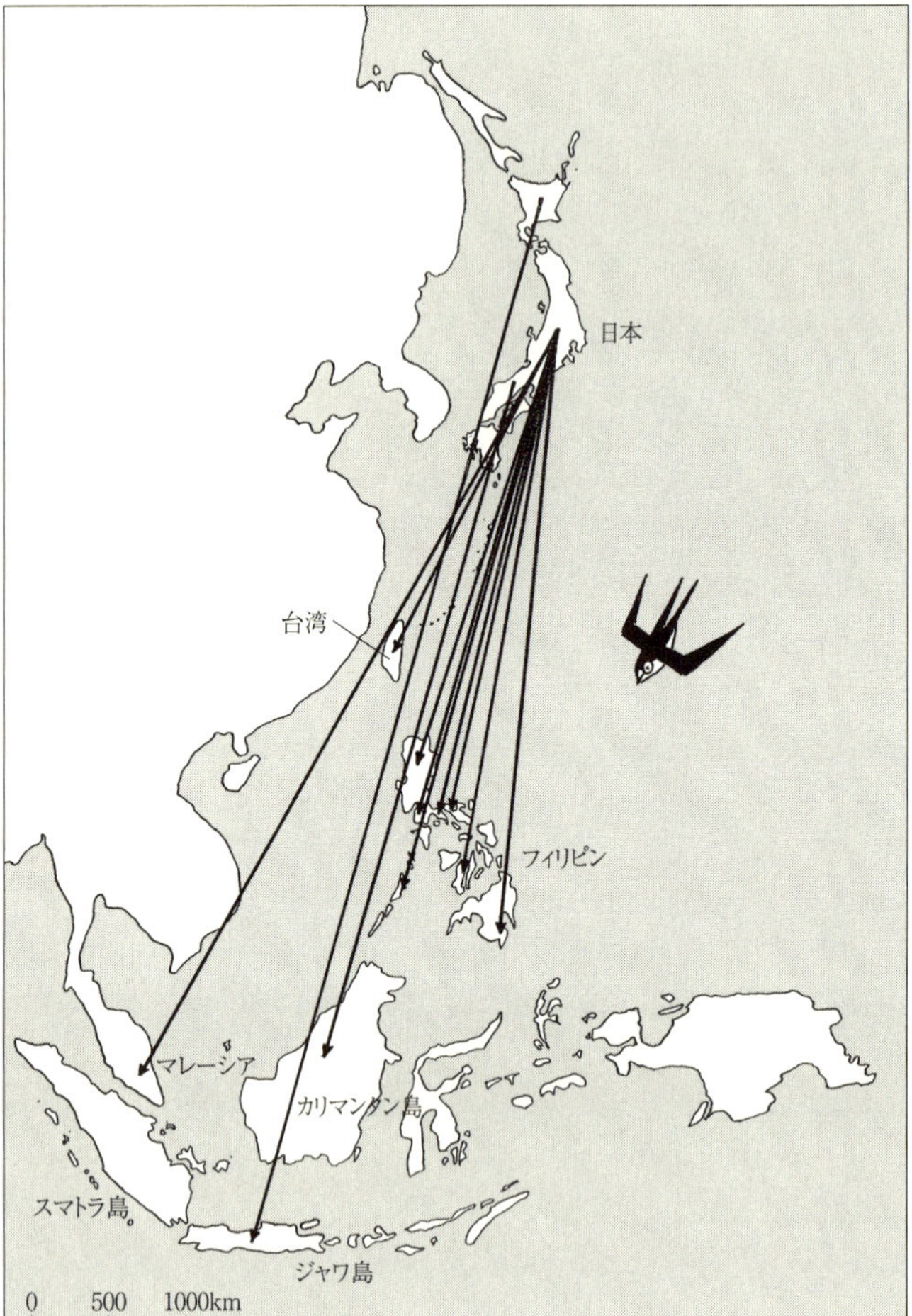

日本で標識したツバメの回収地（越冬地）

州都コタキナバル郊外のケンソンでは養鶏場周辺に多数群れていて、電線にびっしりと並んで止まっているのは、日本で秋の渡去前やより北方から越冬のために渡来した直後に見られる光景とそっくりだった。

一方、日本を除く東アジアで繁殖するものはどうだろうか。朝鮮半島やシベリア東部、沿海州で繁殖したツバメは大陸沿いに南下して、タイやマレー半島で越冬することが分かっている。また、朝鮮半島南部の韓国で繁殖したもののなかには大陸沿いに南下するもののほかにフィリピン方面へ向かうものもかなりいることが知られている。日本で繁殖したツバメはタイでは越冬していないと考えられ、東アジアでのツバメの繁殖地と越冬地の関係や渡りの経路（コース）はかなり複雑そうである。

越冬地でのくらしぶりは、日本での繁殖後のくらしぶりとだいたい同じようで、夜は大集団で塒をとるといい、塒の場所は日本のときと同じようにほとんどがアシ原という。ただタイのバンコクでは、日本で繁殖したツバメは越冬していないようだが、市街地の大通りの電線や街路樹などに何十万羽もの大群で塒をとって休む光景が十一月から翌年の四月末まで見られるそうである。

日本でも一部越冬がみられ、詳しくは後で述べるが、電線や軒下・窓枠・水道管などの野外のほかに、室内でも集団就塒するのが特徴で、名所になっている場所もある。

バナナの葉上で休むツバメ(日本で繁殖するのと同じ亜種と思われる)
1978年12月28日　サバ州(カリマンタン島北部のケンソン)で

〈冬眠する鳥〉

一九四六年十二月、カリフォルニア東南部にあるコロラド高原のある谷で、岩の割れ目に冬眠している一羽のプアーウィルヨタカ（チビアメリカヨタカ）がエドモンド・エイガー博士らによって発見された。発見された当初はとうぜん死んでいるものと思われたそうだが、片目をまばたきびっくりさせられたとか。死んだような昏睡状態になっていて、通常は四一度ある体温も五度しかなく、鼻孔に鏡を当ててもなんのくもりもなく、聴診器を当てても心音は聞こえなかったそうである。そして、その後の観察で、このような昏睡状態は八十八日間も続き、春になり暖かくなると生き返ったように飛び去って行ったそうである。そして、その後も四冬続けて同じ鳥が同じ岩の割れ目で越冬しているのが確認されたとか。なお、地元のホウビ族は、この鳥を「眠り屋」と呼び、冬眠することを既に知っていたそうである。

一方、この鳥の近縁種コアメリカヨタカも休眠することが飼育下で確認されている。また、カリフォルニアのスロバー山脈で冬に昏睡状態にあるムナジロアマツバメも発見されている。フランスでも休眠状態のヨーロッパアマツバメが発見されている。

このほかにもハチドリは寒い日には休眠することが知られている。

食物と渡り

ツバメに限らず動物は、植物のように生きていくために必要な生活エネルギー源となる有機化合物を水と二酸化炭素といった無機化合物から光合成によって自らつくり出すことができないので、ほかから摂取しなければならない。つまり動物は、字義どおりに生活エネルギー源となる食物（有機化合物）を求めて動きまわらなければならないのである。特に鳥のように飛ぶという運動には膨大なエネルギーを必要とするために必要量を得るためには大きく動きまわらなければならないことになる。

鳥の一年間のくらしは、繁殖期と非繁殖期（越冬期）に大きく分けてみることができ、それぞれの期間を過ごす場所を繁殖地、越冬地と呼んでいる。繁殖地と越冬地が重複あるいは隣接している鳥では移動の必要はなく、同じ場所に一年を通して生息することになり、そのような鳥を留鳥と呼ぶ。ところが繁殖地と越冬地が遠く離れていると、その両地間を毎年規則正しく往復しなければならない。そのような往復移動を「渡り」と呼び、渡りをする鳥を渡り鳥と呼ぶ。留鳥と渡り鳥の食性を比べてみると、留鳥ではスズメやカラスのなかまに代表されるように植物（種子や果実）食や雑食のものが多いのに対して、渡り鳥ではツバメをはじめムシクイやヒタキのなかま、シギ・チドリのなかまなどのように動物（昆虫や底生動物など）食のものが多いことが分かる。渡りには膨大なエネルギーが必要で、植物より動物の方が高エネルギー源となるからだろう。

ところで食物は、地球上のどこでもいつでも一様にあるわけではなく、場所により季節によって偏在している。ツバメのような昆虫食では、温帯以北の冬には食物が欠乏するので、それで食物の昆虫を求めて南方（低緯度地方）の暖かい地方へ渡らなければならなくなる。

それでは春に再び北上するのはどうしてだろうか。熱帯地方には温帯地方のように冬はないが、その代りに乾季（秋から春）と雨季（春から秋）があり、乾季には枯れる植物も多く、それで食物の昆虫なども少なくなる。越冬先の熱帯地方は、それほど生活し易い場所ではないらしいのである。

そこへいくと北半球の温帯以北の初夏には高まる太陽高度に地表が受ける太陽光エネルギーの増大で植物の光合成によって生産される有機化合物量が増し、これらの植物を食べて、ツバメの食物となる昆虫も爆発的に発生する。ことに氷河周辺の大湿地帯での昆虫は莫大な量になる。ツバメが北半球の温帯地方に渡来し渡去するまでの期間は、食物となる昆虫の発生最盛期と一致していることが知られている。食物となる昆虫が豊富な北半球温帯地方のこの時季はツバメの育雛にはひじょうに好都合である。温帯地方で繁殖する渡り鳥と、熱帯地方で渡りをせずに繁殖する留鳥の雛年間生産量を比べてみると、熱帯地方の留鳥では年に一回しか繁殖せず、一腹卵数（クラッチサイズ）も平均二〜三個なのに対し、温帯地方の渡り鳥では年に一〜三回も繁殖し、一腹卵数も平均三〜六個（四〜五個が多い）で、数倍上回っている。

生物は、種類ごとにそれぞれに一つの可能な生き方を開拓するものだといわれている。長距離の渡りには、気象の異変や、天敵による捕殺、灯台その他の建造物への衝突などの危険も多く犠牲も伴うだろうが、それにも増して生存価値が高いとなると淘汰は渡りを進める方向にはたらくことになるのである。

〈鳥の渡りについての豆知識〉

㈠渡りの起源

鳥は、いつごろからなぜ渡りをするようになったのだろうか。この疑問に対する答えとして古くからよく知られているのはウォーレスの食物をめぐる自然淘汰説である。ウォーレスは動物地理区でもおなじみで、ダーウィンとほぼ同時期にダーウィンとは別に独立した自然淘汰説を編み出したイギリスの著名なナチュラリストで、渡りも自然淘汰の理論で説明した。つまりこういうことである。鳥が春から夏にかけて繁殖し、それが終了するころにはその地方には食物が少なくなっている。それで巣立った幼鳥共々食物を求めて南方に移動せざるを得なくなる。当初は短距離の移動だっただろうが、遠くまで探しに出かけた方がより有利となると適者生存の理からして、移動距離も長くなり、その習性は世代を重ねるにつれて遺伝的に固定されて今日のような渡りの習性が生まれたというものである。

また、これとは別に、鳥の渡りの起源には氷河が関係しているのではないかという考えがある。鳥類は、かつて北半球に留鳥として広く分布していて、北方でも渡りのような現象はほとんどみられなかったが、氷河期を迎えて氷河が発達すると、冬季の食物不足から氷の少ない南方（低緯度地方）へ移動せざるを得なくなった。しかし、気候が比較的おだやかな夏の期間は生まれ故郷への本能的な執着心から北方の地へ里帰りして雛を育てた。そして再び厳しい冬が来る前に寒さを避けて南へ移動するようになったのではないかというのである。しかし、この氷河起源説にはいろいろ問題がある。その一つは、氷河に一度もみまわれたことがない地方での渡りが説明できないことである。二つめは、渡りは温帯地方よりもむしろ熱帯地方での方が大規模で、乾季や雨季による食物となる果実が実る時季によって左右されているのである。三つめは、化石によって、今日、渡り鳥の代表のようにみられている鳥の多くは氷河期よりはるか以前からいて既に渡りをしていたと考えられることである。ただ渡りの仕方が氷河期に大きく変化したことは間違いないだろう。

これとは逆に鳥類は元来熱帯起源で、増加した種が分布拡大して北方へ進出したというのもある。しかし繁殖を終え、新たに幼鳥も加わり個体数が増加したところで冬になり、食物不足と厳しい寒さを避けて熱帯地方へ帰って来た。夏季の北方の地は食物も豊富で、昼間も長く、育雛に好都合だったので、春になると再び北上するようになったというのである。そして氷河期が終わり近くになり氷河が後退し始めると、それにつれてより北方まで食物を求めて移動するようになったという。

前の二つの説は渡りを氷河と結び付けて説明したものだが、それとはまた別に、鳥の渡りの起源は趨光性《すうこうせい》にあるという説がある。視覚の動物ともいわれる鳥類は、光の量を求め太陽の見かけ上の動きと並行して四季による移動を始めたのだろうというのである。その最たる例が北極圏で繁殖して南極圏で越冬するキョクアジサシで、一年のうち一日二四時間近く日光に当たる期間が八か月で、残りの四か月も、最も昼間の長い地方を選んで移動しているわけで、鳥類中では最も太陽光に浴し、最も長距離の渡りをする鳥としても知られている。

このほか、大陸が分裂して移動したために元来の繁殖地や越冬地に固執してだんだん長距離の移動をしなければならなくなったという大陸移動原因説などもある。

以上、鳥の渡りの起源についての五つの説についての概略を紹介したが、どの説もある限られた鳥種の渡りについては説明していても、鳥類の渡り全体をうまく説明するには不十分である。北半球の温帯に住んでいると、渡りは、とかく夏と冬の季節による南北方向の移動だけにとらわれがちだが、モモイロペリカンのようにトルコで繁殖してインドで越冬するものやハシグロビタキのようにアラスカで繁殖してヨーロッパを経由してアフリカ南部で越冬するもののようにほとんど東西方向に渡っているものもいるし、またハシボソミズナギドリはオーストラリア東南部やタスマニア沿岸とその周辺で繁殖後、約四か月間かけて太平洋を巨大な8の字を描くように一周しているものもいる。

渡り鳥は、世界中の鳥類の三分の一以上を占め、数千種いて、渡りの態様も実に様々である。渡りは毎年定期的に規則正しく行われるものが多いが、なかにはレンジャクのなかまのように年によって渡ったり渡らなかったりするものもいる。また一方では、同じ種でも渡りをする個体群と渡りをしない個体群とがいる場合もけっこうあり、イギリスの生態学者ディビィッド・ラックは部分的渡りと呼んだが、ともに渡り性を有する番いから渡り性と非渡り性の雛が生じることも知られている。

また一方では、近年は地球温暖化のせいか、温帯の日本やヨーロッパなどでは、冬の寒さも昔に比べてずいぶんやわらぎ、そのせいか、かつては冬には南方の暖かい地方に渡っていたのが渡りをやめてそのまま越冬しているといった場合も増えている。このような渡りの中止は、鳥類の長い歴史の中では、これまでにもおそらく何度かあったことだろう。

鳥類の渡りは、そのときどきの環境条件によってかなり変化し易く、鳥類進化のある大きな流れの方向に長時間かけて一様に発達してきたといったものではないらしい。従って一つの学説で全てが明解に説明できるような性格・内容のものではないらしいのである。

(二)渡りの調査法

『今昔物語集』(一一二〇年以降)は、日本の説話文学の代表作とされているが、その中に、ツバメの雌の頸に赤い糸を付けて帰巣を確かめる話がある。また時代は下るが、滝沢馬琴の『椿説弓張月』（一八〇七〜一一年刊）に、源頼朝がツルに短冊を付けて放したという話もあり、これらは標識調査のさきがけともいえる。しかし、鳥類の渡りについての科学的な研究の始まりは、一般的にはデンマークの教師クリスチャン・モルテンセンが、一八九九年に番号と住所を記した亜鉛の足輪をホシムクドリに付けて放したのが最初とみなされている。

鳥類の渡りを調べる方法は、これまでいろいろ考案され、実践されてきた。古くは夜間に月面を横切るのを観察したり、上空を通過する際の鳴き声を集音器でとらえて調べられたりもした。なかでも最も広く実施されてきたのが、鳥を捕獲して足輪や、大形鳥では首環やウイングタッグなどを付けて放し、観察や再捕獲によって渡りの移動経路を調べる鳥類標識法で、日本では大正十三年（一九二四）から農林省で実施されている。

このほか、レーダーを使っての観察や、ツルやガンのなかまなどの大形鳥ではグライダーや軽飛行機での追跡なども行われている。また近年は、小型送信器を鳥に装着して送信される電波を二か所以上のアンテナで受信して送信源の位置を判定するテレメトリ調査法や、人工衛星で受信して追跡する最新の調査法なども用いられている。

㈢渡りの振り子様現象

標識調査によって渡りにはいくつかのかなりはっきりした傾向があることが分かってきた。その一つは、より北方（高緯度地方）で繁殖した鳥ほどより南方（低緯度地方）まで遠距離を渡って越冬する傾向がみられるということである。これは同一種内の亜種や個体群についてだけでなく、種の枠を越えて渡り鳥全体についてもいえることである。その最たる例が、北極圏で繁殖して、一三〇〇〇～一五〇〇〇キロメートルも離れたアフリカ南端で越冬するキョクアジサシで、最も長距離を渡る鳥として知られている。

二つめは、成鳥よりその年生まれの幼鳥の方がより南方まで遠距離を渡って越冬する傾向がみられることである。また、鳥種によってはその年生まれの幼鳥が成鳥に先立って渡ることも知られている。

三つめは、渡りの時季は、渡来が早い鳥種ほど渡去は遅く、渡来が遅い鳥種ほど渡去は早くなる傾向がみられるということである。つまり、繁殖地や越冬地に早く渡来した鳥は遅くまで長期間逗留するが、遅く渡来した鳥は短期逗留でそそくさと渡去するということである。

㈣小鳥は主に夜間に渡る

タカのなかまやツル・ガンのなかまなどのように天敵がいないかほとんどいない大形鳥では昼間に上昇気流などを利用して堂々と渡る。小鳥でも飛翔力に優れ飛びながら採餌できるツバメやアマツバメのなかまなどは昼間に渡る。昼間に渡る場合には群れをなすことが多いが、ツバメでは漠然と集まって渡り、夕方になると塒に集合する。これはたぶん採餌しながら渡るからだろう。

それ以外の小鳥のほとんどは夜間に渡る。夜間に渡る場合には群れないが、夜明け時の着陸前に半島などでは集まることがある。昼間は天敵のタカのなかまなどが活動していて危険だし、昼間に長距離飛んでいては空腹状態で夜に着陸しなければならない。小鳥では新陳代謝が活発で、消化が速く、絶えず食べて活動エネルギーを補給する必要がある。それで昼間に十分採餌して休息し、天敵が活動していない夜間に渡り明け方に目的地に着陸するようにしたほうが合理的で、しかも安全である。ディビィッド・ラックのイギリスでのレーダーを使っての観測で、夜間に渡る小鳥は日が暮れると間もなく渡り始め、日の出少し前まで渡り続けることが分かった。

渡るときには鳴きながら飛ぶものも多く、夜間に渡るときには昼間とは違った特有の声で鳴くことも多い。鳴き交わす声は晴れた夜より曇った夜の方が盛んで、互いの位置を確かめ衝突を避けるとともに、励まし合っているようにも聞こえる。また、明け方に特に盛んに聞えるのは、飛翔の高度が下がるために鳥の密度が高くなることと関係があると考えられている。

㈤太陽や星座と体内時計で方位判定

ドイツのグスタフ・クラマーは、ホシムクドリを使った実験で、太陽の位置によって方向を定めていることを明らかにし、鏡を使ってその方向を変えることができることを実証した。また、ドイツのE・F・G・ザウァーは、ムシクイのなかまを使ってのプラネタリウム内での実験で、星座によって方向を定めていることを明らかにし、星座の様子を変えると方向も変わってしまうことを実証した。クラマーらは渡り鳥は太陽を羅針盤代りに使い、自らの体内時計で太陽の動きを補正して渡る方向を決めているという太陽コンパス説を唱えている。

渡り鳥は、昼間は太陽、夜間は北極星を中心とするほぼ三五度以内にある星座（小熊座・龍座・ケフェウス座・カシオペア座など）の位置と動きを観察し、自らの体内時計で方位と位置を判断しているらしい。たとえば北半球で南方（低緯度地方）に移動したとすると太陽の南中高度（太陽が真南にあるときの地平面となす角度）は高くなるので、太陽の南中高度で緯度を知ることができる。夜間に渡る場合は太陽の代りに北極星やその周辺に見える星座を目印にすればよい。但しその場合には南方（低緯度地方）に移動するほど北極星やその周辺の星座の南中高度（真南にあるときの地平面となす角度）は逆に低くなる。また、東西方向の移動では、太陽を目印にすると、東方に移動すれば日の出や南中時刻、日の入りは共に早まるし、西方に移動すれば逆に遅くなることで経度を知ることができ、夜間に渡る場合は太陽の代りに北極星やその周辺に見える星座を目印にすればよいのである。具体的には海岸線や山脈、渓谷のように細長い特徴的な地形を目印にして飛んでいるらしく、陸鳥の多くは大陸の海岸線沿いに飛んでいるとみられている。

鳥類の渡りについて、よくコースとかルートという言葉を耳にし、上空に何か目に見えないレールや道のようなものがあって、そこを通って渡って行くような印象をもつが、およそこの地球上で渡り鳥が飛ばない場所といったら極地の氷雪地帯の上空くらいで、たとえそのようなものがあったとしてもかなり幅広いものだろう。夜間に渡る小鳥のほとんどは気団の移動につれて幅広く渡っていることが知られている。即ち、春は南からの暖気団に乗って北上し、秋には北からの寒気団に乗って南下しているとみられる。渡りへの気象の影響は大きく、霧深くて目印の星座が見えない夜などには、元来は昼行性の小鳥が灯台や空港のシーロメーター（雲高測定器）のサーチライト・球技場のナイター照明・テレビ塔などの強い灯に惑わされて事故死することもある。

㈥渡る高さと速さ

アネハヅルやインドガンがヒマラヤ山脈の上空、八九〇〇メートルもの高さを飛び越えているのが観察されている。この高さでの酸素量は海面上の三分の二ないし一くらいしかなく、よく高山病にならないものだと不思議である。これほどの高さではないがミヤマガラスが三三〇〇メートルの高さをなんなく飛んでいるのも観察されているし、レーダーによる夜間の観察から小鳥にも一五〇〇メートルもの高さを渡るものがいることも知られている。しかし、昼間に渡る鳥の大部分は九〇〇メートルより低空を飛び、小鳥ではさらに低く、多くは地上六〇メートル以下で、天気が悪いともっと低くなる。また夜間には昼間の半分以下の高さを飛んでいるともいわれている。

渡るときの飛行速度は、地面に対しては、空気中を飛ぶ速度と風速との合成速度となる。風速は一般に低空では地面との摩擦によって起きる乱気流によって減速されるが、二〇〇メートルの上空では普通風速は速まる。渡りのときの飛行速度は通常のときより速いといわれ、小鳥の渡りのときの地面に対する飛行速度の多くは時速三二～四八キロメートル程度だが、ツバメはそれよりずっと速いとみられる。タカのなかまでは時速五〇～六〇キロメートル、シギ・チドリのなかまは六五～八〇キロメートル、マガモでは九六キロメートル、アマツバメやハチドリなどの九一～九九キロメートルなどの記録もある。

㈦体脂肪をエネルギーとして

渡るときには、広い海など何も食べずに一気に飛ばなければならないこともあり、その際はあらかじめ皮下や心臓、腎臓などの周囲の組織に集中的に蓄積しておいた脂肪が運動エネルギーとして使われる。

渡りは、繁殖スケジュールとも密接に関係していて、直接には性ホルモンのはたらきによって制御されている。視覚の動物といわれる鳥類の生理は、太陽の年周運動との関係が強く、春に日照時間が長くなって光の積算量がある値に達すると脳の視床下部が刺激され、さらに摂食中枢が刺激されて食欲が増して体脂肪が蓄積する。また、それと同時にホルモンのバランスも変化して落ち着きがなくなり、渡りの衝動にかられるらしい。

渡る直前に蓄積されていた安定した飽和脂肪酸は分解し易い不飽和脂肪酸に変化する。アメリケンキアシシギは一グラムの脂肪で約九〇キロメートル飛ぶといい、ムシクイのなかまのような小鳥の中には一グラムの脂肪で約二〇〇キロメートルも飛ぶものがいるという。アメリカの生態学者E・P・オダムの理論計算では、体重の二七パーセントの体脂肪で一気に九五〇キロメートル飛ぶことが可能で、上手に使えば二五〇〇キロメートルも可能だという。

ただツバメのなかまやアマツバメのなかまのように飛びながら空中で採餌できる鳥では、渡りに際してあらかじめ体脂肪を蓄積しておく必要はなく、かえって体が重くなってエネルギー効率が低下することになる。

越冬ツバメ

夏鳥の代表のように考えられ、寒さに弱いとされてきたツバメが冬もいる。いわゆる〝越冬ツバメ〟が注目されだしたのは、昭和になってからである。特に静岡県浜名郡篠原村の浜名湖畔にある養鰻業堀内国作さん方の事務所に集団就塒する越冬ツバメは有名で、戦前の国定教科書に載ったこともある。なんでも昭和六年（一九三一）ごろから百数十羽が集団就塒するようになったということだが、その後、昭和五十九年（一九八四）二月七日を最後に来なくなってしまった。

また、これより以前にも京都府乙訓郡久世村の桂川畔にある掛茶屋、川源こと高塚安次郎さん方二階の庇に、昭和二年（一九二七）ごろから約四〇羽の集団就塒が知られていた。し

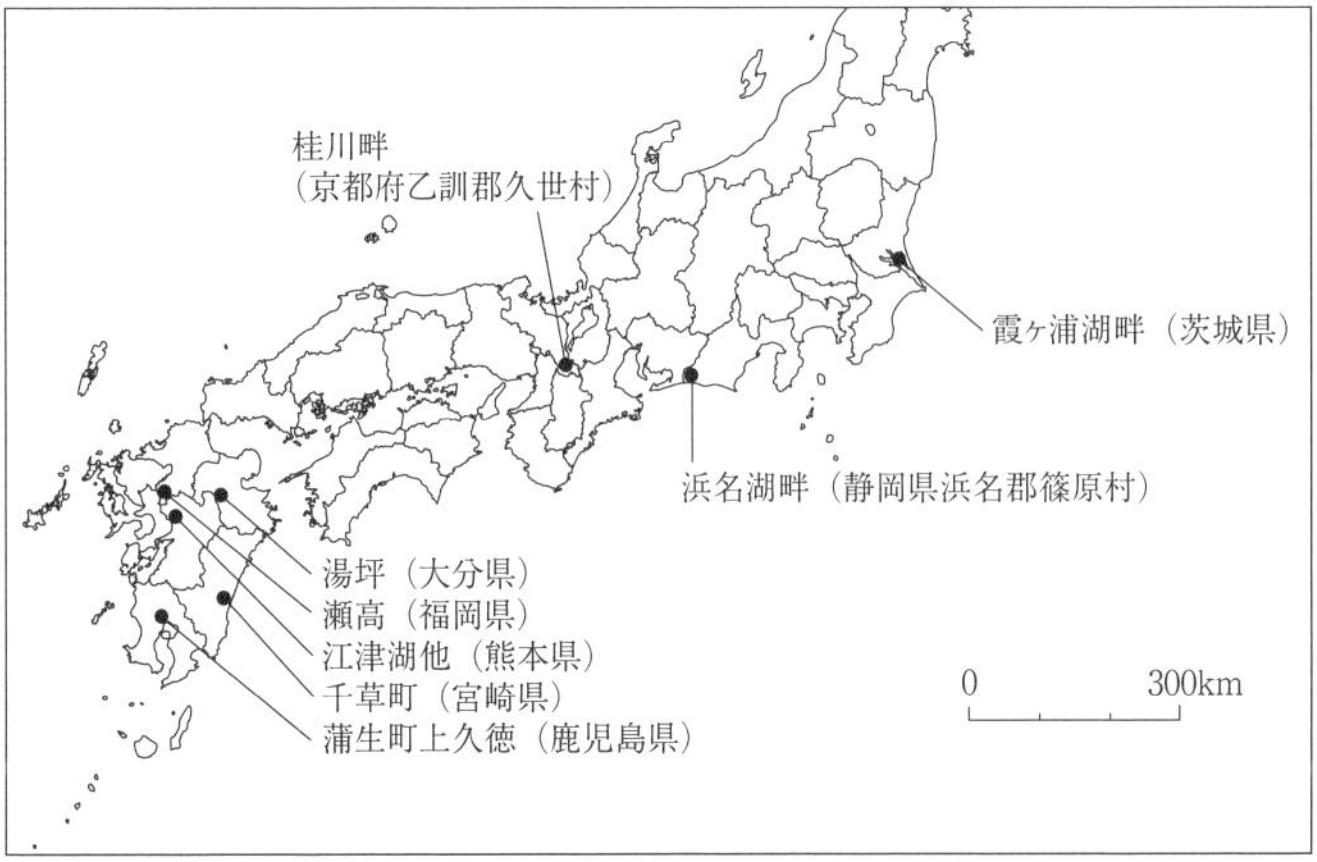

越冬ツバメの集団塒が確認された場所。実際にはこの何倍もあるはずである

寒さの中、水道管上で身を寄せ合って暖をとるツバメ
1987年１月14日　熊本市高平２丁目（高平橋）で

かし、ここもその後、来なくなってしまったという。

戦後は、東京都下の多摩川辺りをはじめ、茨城県の霞ヶ浦湖畔の魚介加工場の軒下や、千葉県東金町上宿の後閑さん宅（約二〇羽）など関東地方を北限として西日本各地で越冬ツバメの集団就塒場が見つかっている。

九州での越冬概況

私が住んでいる九州の中央部に位置する熊本県内でも、昭和二十八年（一九五三）の白川大水害後、熊本市の南東部にある湧水豊富な江津湖で越冬が目立つようになり、夜間には湖面に繁茂しているホテイアオイの上で塒をとっていた。湖畔にある泉ヶ丘小学校のツバメクラブが観察を続けていて、昭和三十四年（一九五九）ごろは一二〇〇羽を超えたが、昭和三十九年（一九六四）以降は激減し、翌昭和四十年（一九六五）には二〇〇羽になってしまった。

一方、これとは対照的に上益城郡甲佐町の左官業本村慶蔵さん宅では昭和三十九年（一九六四）から玄関口で塒をとり始め、止まり木用にと天井近くに電線を張ってやると約二〇〇羽もが集団で塒をとるようになった。また、県北部の玉名市高瀬の熊野組の車庫にも昭和四十年（一九六五）から約一〇〇羽が集団就塒するようになった。しかし、甲佐町の本村慶蔵

室内に集団就塒する
2005年１月18日　鹿児島県始良郡蒲生町で（岡久江さん提供）

さん宅では昭和四十七年（一九七二）に店舗が改装されると就塒しなくなり、玉名市高瀬の熊野組車庫での集団就塒もその後みられなくなってしまった。このほか昭和四十年代末から熊本市の新市街にある四階建ビルの窓枠や電線で約二〇〇羽が十月から翌年三月にかけて集団就塒するようになったが、ここの集団就塒もいつの間にか見られなくなった。

越冬ツバメは、南国九州では熊本県のほか各県で見られる。熊本県の南隣、鹿児島県では始良郡蒲生町上久徳の家具店岡久江さん宅の台所わきの小部屋で昭和五十七年（一九八二）から集団就塒がみられるようになったそうである。最初は一〇羽ほどだったが、止まり場を設けてやったところ年々増え続けて一〇〇〇羽にも膨れ上がったという。集団就塒は毎年十一月半ばから翌年四月初めまで見られ、毎夕日暮と同時に帰って来て、翌朝七時から九時の間に飛び立って行くが、気温が低い日は飛び立ちが遅く、一方、帰りは早まる傾向があり、帰って来る個体数も少なくなるという。

宮崎県では、西日本新聞(一九八六年一月二十九日付)によると、宮崎市千草町の貸店舗軒下のツバメの古巣で番いと思われる二羽の越冬ツバメが塒をとっているとのことだった。

福岡県では、NHKのテレビ(一九七七年三月十四日の朝放送)で、山門郡瀬高町の人家の物置きに約一〇〇羽が集団就塒していると報道していた。大分県でもかつてくじゅう連山の北西方にある玖珠川沿いの温泉や地熱が豊富な湯坪地区で越冬ツバメが話題になったことがある。これらはほんの一部で、このほかに越冬地や集団就塒場はもっとあるはずである。

越冬地の条件

越冬時の塒は、人家の室内や軒下などにとられるのが特徴で、夏季の塒がもっぱらアシ原やトウモロコシ畑などといった野外にとられるのとは対照的である。これは寒さから体を守るためで、お互いに体を寄せ合って暖をとっている。特に軒下などの塒では寒い夜間には二段にも三段にも重なり合っており、これは昼間、電線に止まるときにお互いに嘴が触れ合わないよう一定の距離を保っているのからするとちょっと意外な光景である。寒さの中ではそんなことはいっておれないということだろう。

　越冬ツバメが人々に注目されるようになったのは先にも述べたように昭和になってからで、地球温暖化と関係があるのだろうか。原因はともかく、越冬地に共通しているのは、近くに冬でも餌となるユスリカなどが発生する水温の高い湧水豊富な湖沼や河川などがあり、冬に何々降ろしなどという強い寒風が吹いていない場所である。

越冬ツバメの素性

〝越冬〟という言葉からは、本来なら南方に渡るはずのものが、何かの理由で居残ってやむなく冬を越しているといった印象を強く受ける。たしかに越冬ツバメが知られた当初のころは、何らかの故障で渡ることができなくなった変則的な状態と考えられていた。さきの宮崎市内で古巣で塒をとっている場合などはその例とも考えられる。

　しかし、その後の観察で、そういうものばかりではないらしいことが分かってきた。先に述べた浜名湖での越冬ツバメでは二回以上連続して越冬する成鳥は平均五八パーセントだったという。内田康夫氏は、繁殖地との往復期間での死亡率を考えると生存個体ではおそらく九五パーセント以上が二年以上連続して越冬していると推定している。この高い越冬の割合は何を意味しているのだろうか。また、越冬ツバメは、夏鳥のツバメが渡去してしばらく間を置いてから突然の

朝の飛び立ち前の集合。この後、それぞれ採餌に飛び立って行く
2002年11月22日　熊本市細工町で

ように大群で出現する。私が住んでいる熊本県内では ツバメはほとんど一年を通して観察されるが、十月下旬に一週間ばかり全く見られなくなる期間がある。その前の九月中旬から十月中旬にかけては、その年に巣立った幼鳥も加わって特に個体数が多かっただけに余計に目立つ。渡り去ったのだな、と思っていると、十月末に突然のように再び個体数が急増するのである。地域ごとに毎朝多数集結する電線などがだいたい決まっていて、特に急に冷え込んだ朝などには数百羽も群れて人目を引き話題になったりする。そして群れは気温の上昇とともに三々五々飛び散って行く。この十月末に突然のように出現するツバメの群れの特徴は、その中に夏季日本で繁殖する腹部が白いツバメ H. r. gutturalis と異なる腹部が赤っぽい別亜種のアカハラツバメ H. r. saturata が交じって見られることである。以上のことから、夏

鳥のツバメが渡去した後に少し間を置いて大群で出現するのは、どうも冬鳥のツバメらしい。実際、二月に茨城県で標識して放鳥されたツバメが五月にサハリンで回収されている。これら越冬ツバメ（冬鳥のツバメ）の故郷（繁殖地）は、日本より遥か北方の中国東北部からシベリアあたりではないかと予測される。今後の標識調査によってもっとはっきりするだろう。

要するにひと口に越冬ツバメといっても、その内容は、日本で繁殖してそのまま居残って冬を越しているもの（留鳥）もいれば、日本より北方の地で繁殖して冬を越すために日本に渡来しているもの（冬鳥）もいるらしいのである。個体数のうえからはむしろ後者のほうが圧倒的に多いようである。

なお、余談であるが、南国九州の熊本県内にはツバメのほかに、ツバメのなかまではイワツバメやコシアカツバメも少数越冬している。これらは、冬の塒にはどちらも古巣を使用していてツバメのような集団就塒はしないようである。

第Ⅱ編　ツバメのなかまたち

ツバメ

コシアカツバメ

イワツバメ

リュウキュウツバメ

ショウドウツバメ

三章　世界のツバメ科鳥類

分布と棲み分け

ツバメ科鳥類は一七属七四種がいて、どれも体の大きさはスズメくらいかそれより少し大きいくらいの小形種ばかりである。羽色は、大方、背面が黒っぽい色で、腹面は白っぽくて小斑紋があるものもいる。嘴は短く扁平で目立たないが、口は大きく開く。脚も短く趾《あしゆび》も細小で地上を歩くのは不得手だが、翼は細長くて先が尖がり、尾はいわゆる燕尾と呼ばれる深い凹尾のものが多く、小鳥の中では最も飛翔力が優れ、ほとんどが渡り鳥である。生きた昆虫食のものがほとんどで、採餌はもとより、水飲み、水浴びなども飛びながらする。

極地と、ニュージーランドのほか大洋諸島のいくつかを除き、ほぼ世界中に分布している。

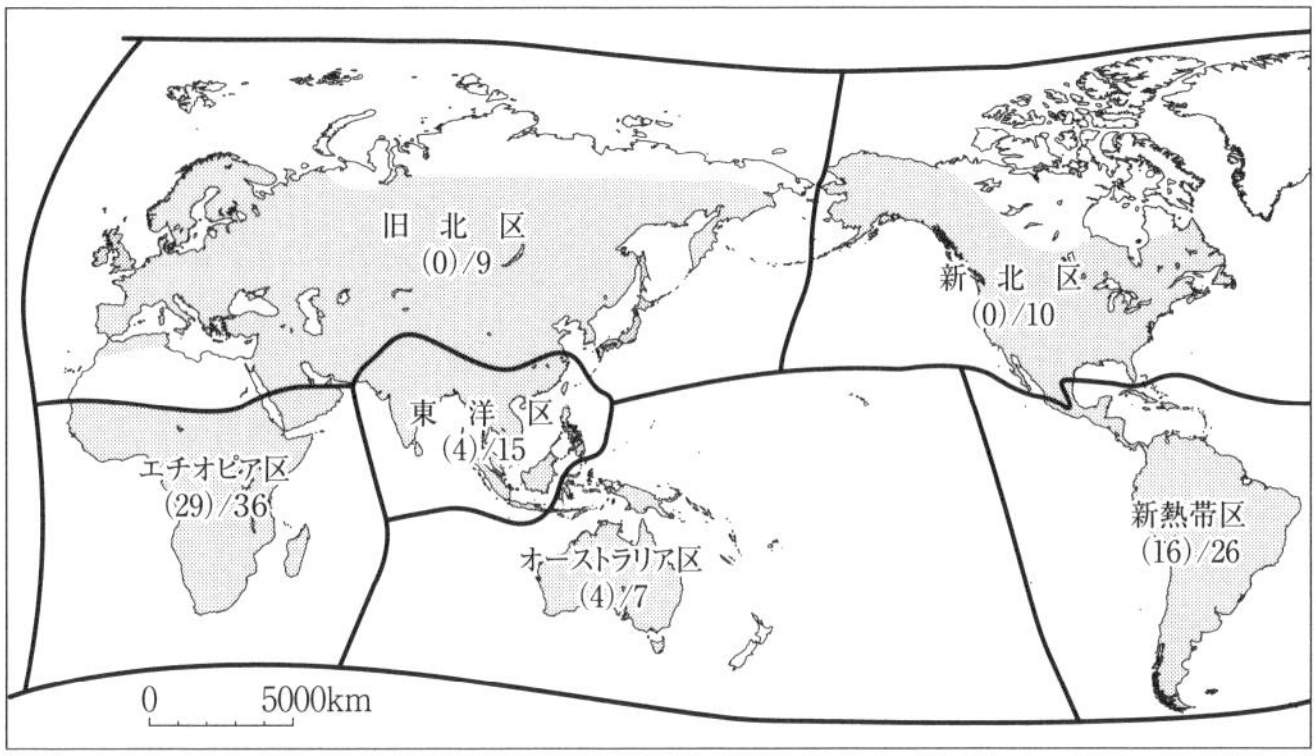

鳥類の地理的分布区分とツバメ科鳥類（17属74種）の分布域
凡例：分子（区内での固有種数）／分母（区内に分布する種類数）

分布する種類数をウォーレスの動物地理区ごとにみると、エチオピア区（サハラ砂漠以南のアフリカ）に最も多く、全体の約半数に近い三六種が分布している。しかもそのうちの約八〇パーセントに当たる二九種はこの区だけに分布する固有種である。次に多いのは新熱帯区（中南米）の二六種（うち固有種一六）で、その次は東洋区（インドと東南アジア）の一五種（うち固有種四）、新北区（北アメリカ）の一〇種、旧北区（ヒマラヤ以北のユーラシア大陸）の九種、オーストラリア区の七種（うち固有種四）となっている。ツバメ属の鳥の化石では、北アメリカのほぼ中央部カンザス州の約三〇〇万年前の新生代新第三紀鮮新世上部の地層から見つかっているアプリカツバメ Hirundo aprica が現在のところ最も古いが、このような分布の実態からしてツバメ科鳥類の起源は、エチオピア区、即ち、サハラ砂漠以南のアフリカあたりではないかと考えられる。

日本にはそのうちのツバメ・コシアカツバメ・リュウキュウツバメ（以上、ツバメ属）、イワツバメ（イワツバメ属）、ショウドウツバメ（ショウドウツバメ属）の三属五種が分布し、繁殖している。

これらのうち体の大きさが異なる二種類以上が同所的に繁殖している地域も多いが、その場合には食物か営巣場所、あるいはその両方を違えるなどして競合を避けているのが認められる。九州以北から北海道西部にかけては、ツバメとイワツバメ、それにコシアカツバメの三種が夏鳥として渡来して同所的に繁殖しているが、採餌空間は、中位の大きさのツバメが最も低く、最も小形のイワツバメが最も高く、最も大形のコシアカツバメが両者の中間といった具合に、生態上から立体的な大まかな空間利用の仕分けがなされている。

残る二種のうち、リュウキュウツバメは奄美大島以南の南西諸島に留鳥として生息しており、ショウドウツバメは北海道中部以北に夏鳥として渡来し繁殖している。

要するに日本産ツバメ科鳥類は、地理的には、南から奄美大島以南にリュウキュウツバメ、九州以北から北海道西部にかけてツバメ・イワツバメ・コシアカツバメの三種、北海道中部以北にショウドウツバメといった具合に大まかに三地域への棲み分けが認められる。

巣の進化

土への穴掘りから泥巣造りへ

ツバメ科鳥類の巣は、原始的なタイプから進化したタイプまでいくつかの段階に分けることができる。最も原始的なタイプの巣は、ショウドウツバメ Riparia riparia の巣のように砂泥質の軟らかい川岸の崖や土手に自ら足や嘴で掘った横穴式のもので、ショウドウツバメ属の鳥のほかにアフリカ産のクロツバメ属（Psalidoprocne）の鳥も含まれ、十数種が知られている。巣穴はややオーバーハングぎみの壁面に掘られることがほとんどだが、なかにはアフリカカワツバメ Pseudochelidon eurystomina のように河原の平坦な砂地に掘るものもいる。

次は、自らは巣穴を掘らずに自然にある穴を巣として利用するタイプである。日本にはこのようなタイプの鳥は分布していないが、新大陸（南北アメリカ）産のミドリツバメ Tachycineta bicolor のように樹洞に小集団で営巣するものや、同じく新大陸産のオビナシショウドウツバメ Stelgidopteryx ruficollis のようにカワセミのなかまの古巣穴やコンクリート壁の排水孔などに営巣するものなどがいる。なお、先に述べたクロツバメ属の鳥は通常は自ら巣穴を掘って営巣するが、ときにはネズミのなかまの古巣などを利用して営巣することもあり、自ら巣穴を掘るタイプから自然の穴を利用するタイプへの移行段階にあると考えられている。

最も進化したのは泥巣を造るもので、壁面や天井に密着して造る。ツバメ Hirundo rustica の巣のように巣の上縁が開いた椀形のものと上縁が出入口の部分以外は天井に密着しているものに大別され、後者はさらにイワツバメ Delichon dasypus の巣のように出入口と産座が直結した壺を縦割りしたような形のものと、コシアカツバメ Hirundo daurica の巣のように半円筒形の短い出入口が付いたより複雑な徳利を縦割りしたような形のものとに分けられる。

これら営巣形態の進化は、DNAの解析によるツバメ科鳥類の系統関係と見事に一致していて、崖に横穴を掘るタイプのグループから自然の穴を利用するタイプのグループと泥巣を造るタイプのグループに分かれて進化し、泥巣を造るタイプのグループはさらに椀形のものからより複雑な壺や徳利を縦割りしたような形のものを造るタイプのグループへと進化してきたということである。

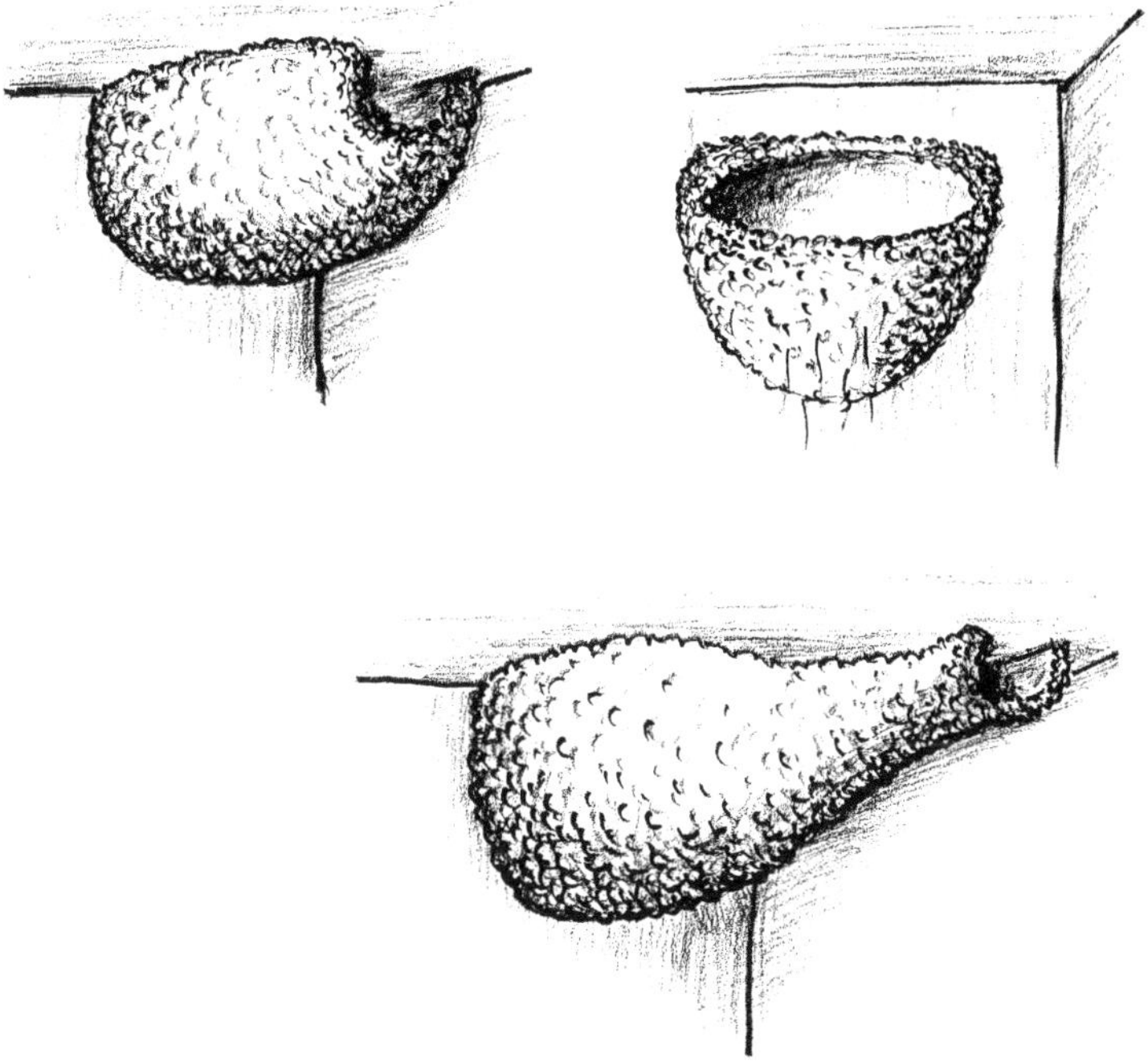

泥巣三態
〔上右〕ツバメの椀形の巣
〔上左〕イワツバメの縦割り壺形の巣
〔 下 〕コシアカツバメの縦割り徳利形の巣

自然物から人工建造物へ

ツバメ属（Hirundo）の鳥は、全て最も進化した泥巣を造る。巣を造る場所（営巣場所）は、今日、ツバメやコシアカツバメでは人家をはじめとする全て人工建造物である。ただ同じツバメ属でも奄美大島以南の南西諸島に留鳥として生息するリュウキュウツバメ H. tahitica は、コンクリート橋などの人工建造物とともに海食洞などの自然の場所にも営巣している。また、別属だがイワツバメ（イワツバメ属）も洞窟などの自然の場所とコンクリートのビルや橋など人工建造物の両方に営巣している。ツバメやコシアカツバメにもかつてこのような状態の時期があったと考えられる。

ツバメ属の鳥が多く生息しているアフリカでは、洞窟や岩壁などの自然の場所だけに営巣する種と、ツバメのように人工建造物だけに営巣する種、それにリュウキュウツバメのように自然の場所と人工建造物のどちらにも営巣する種との三つのタイプがあり、最後の自然物と人工建造物の両方に営巣している種が大半を占めているという。

ツバメ属の鳥に限らず、ひろくツバメ科鳥類の多くの種にとって、どうやら人間生活の場は好ましい営巣環境にあるらしい。ツバメ科鳥類数種の人工建造物への営巣場所の開拓は今日も進行しており、今後の競合に関心がもたれるところである。

四章　日本産ツバメ科鳥類

先にも述べたとおり、日本には、世界に生息するツバメ科鳥類の約七パーセントに当たる三属五種が分布し繁殖している。そのうちツバメについてはこれまでに詳しくみてきたので、残る他の四種のくらしぶりについてもそれぞれ概観してみることにする。

イワツバメ

よく分からない非繁殖期の生態

ツバメより小振りで腰が白く、尾の切れ込みも浅い。また、喉はツバメのように赤褐色ではなく、腹面は一様に白っぽいことなどで区別できる。

ユーラシア・アフリカ両大陸に広く分布し、北方で繁殖するものは、冬季には南方に渡る

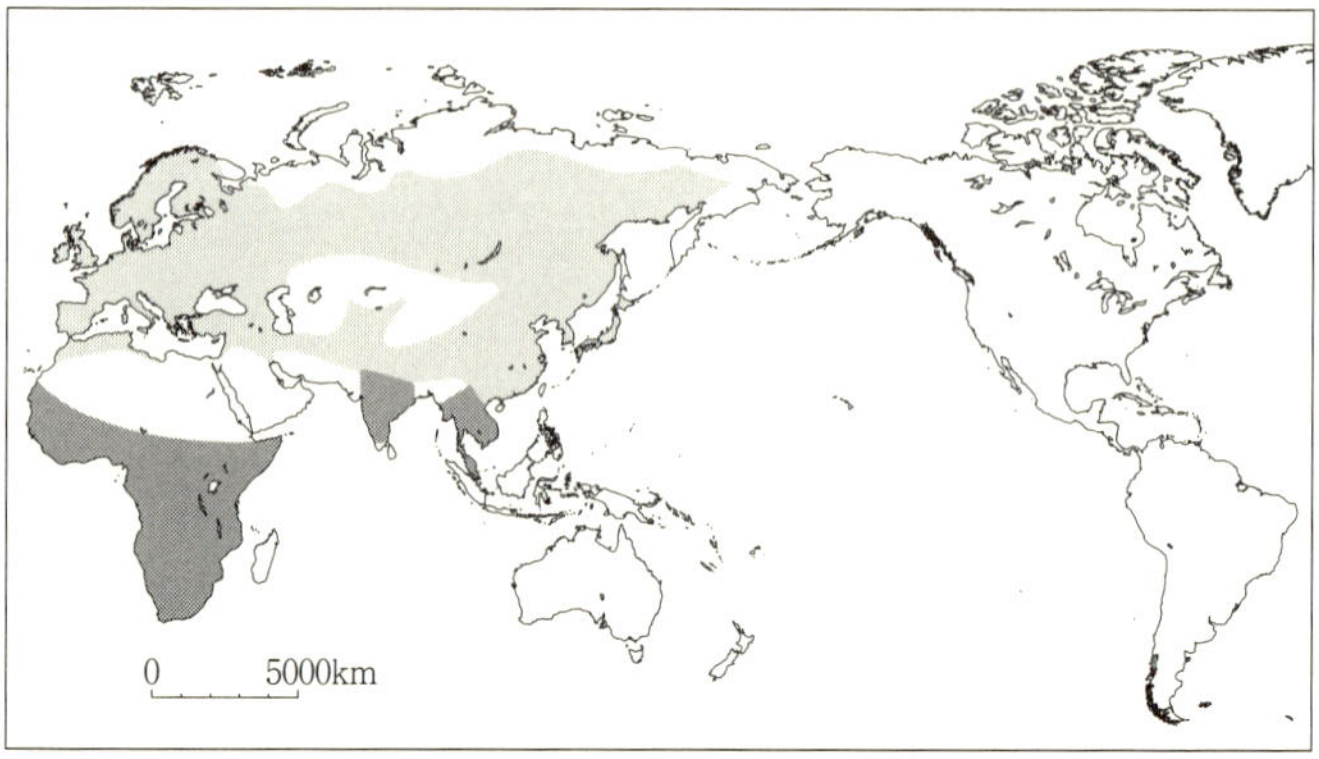

イワツバメの分布　繁殖地　越冬地

とされる。三〜五亜種に分けられており、日本産の亜種は、千島やサハリンでも繁殖し、中国南部から東南アジアにかけて越冬する。といっても、日本で繁殖したものがこれらの地域に渡って越冬するのが確認されているわけではなく、ただ単に日本で繁殖する亜種と同じものが冬季これらの地域で見られるというだけである。というのも実は、イワツバメの標識調査はかなりの個体数について実施されているもののなぜか回収例が極めて少なくて、ことに非繁殖期（越冬期）の生態はまだよく分かっていないのである。

　繁殖期の生態にしても、南北に長くて標高差も大きい日本列島では、地方によって多少違いも認められる。本州中部以北の地方では完全な夏鳥だが、中国地方以南、九州では越冬するものも多く留鳥として生息する地域もある。越冬するものも多い熊本県内では二月中旬には巣造りが始まり、良質な泥がある場所では何羽

イワツバメの育雛
1986年５月25日　熊本市桜町(熊本交通センター)で

〔下〕巣材の泥を集めるイワツバメ。良質の泥がある場所では集団で集める
1991年２月11日　熊本市本山(白川左岸)で

もが集まって巣材用の泥を採取する光景が見られるようになる。これはツバメよりも一か月以上も早い巣造りの開始である。古巣もよく再利用され、標識調査による越冬個体では繁殖に使用された巣は越冬時の塒に使用され、さらに翌春の繁殖時には補修し産座（内巣）部分を新しく入れ替えて再利用されることが多いことが分かっている。

一方、本州中部以北地方への夏鳥としての渡来は、三月中旬から五月上旬にかけてで、最初に渡来するのは成熟した成鳥で、前年生まれの若鳥は少し遅れて渡来する。早期に渡来したものの多くは既に番いを形成していて、渡来当日の夜から古巣で仲良く一緒に塒をとる。前年生まれた鳥の多くは巣立った繁殖地に帰還するが、古巣は親鳥たちによって既に占拠されているので、昼間は古巣周辺にまとわりついていても夜間には別の場所で塒をとらざるを得ない。しかし、どこでどういうふうにして塒をとっているかはまだ分かっていない。これは越冬しているものについても同じことがいえる。

前年生まれの若鳥たちの巣造りは、当然のことながら新たに最初から始めなければならない。営巣場所の決定に際しては、雄がまずここぞと思う場所に何度も止まる。それを見ていた雌が気に入れば決定で、雌雄が協力しての巣造りが始まる。巣は壺を縦割りしたような形で、泥に枯れ草などをおり交ぜて唾液で固めて造られる。内側の産座造りは雌がし、枯れ草や羽毛などが敷かれる。

集団で繁殖し、巣の個数は数十から数百、ときには五〇〇を超えることもある。自然の岩壁に営巣する場合は壁面の凹凸を巧みに利用して造られるため、集団繁殖といっても巣は一個一個離れて独立していることが多いが、人工建造物の壁や天井など均質な平面に集団営巣する場合には巣と巣が接触し団塊状に密集していることが多い。

　巣が完成し、雄が雌にまとわりつくようになると交尾が間近かである。雄の雌への追尾行動は、雌が他の雄と交尾しないように監視するためで、産卵期間中続く。卵は純白無斑で、二〇×一四ミリ位の大きさで、一回の繁殖で三～四個（三個のことが多い）産卵する。産卵は一日に一個ずつ早朝に行われ、そのわずか数十分間中に雄は雌を励ますように求愛給餌をする。これはツバメにはみられない習性である。

　抱卵・育雛とも雌雄が協力して行い、約二週間で孵化、孵化後約二十六日で巣立つ。孵化後、雛の体温調節能力が備わるまでの抱雛は、主に雌がする。

　古巣で早くから繁殖にとりかかったものはほとんどが年に二回繁殖するのに対して、遅くに新しく巣を造って繁殖したものはほとんどが年一回の繁殖で終わる。繁殖期の親鳥の塒は、巣造りから抱雛期までは巣でとるが、その後はほかでとるようになる。しかしその場所は先にも述べたようにまだ知られていない。

　熊本県内では、七月上旬までには雛もほとんど巣立って繁殖は終了するが、その後十月中旬ごろまでは親鳥も巣立った幼鳥も、繁殖地はもとより、その他の場所でも姿をあまり見かけなくなる。そして十一月末ごろ突然のように繁殖地周辺で再び多数見られるようになる。

岩戸の一足鳥

最上川、富士川と並び日本三急流の一つに数えられる球磨川に沿って走るＪＲ肥薩線の八代駅と人吉駅のほぼ中間点あたりに白石《しろいし》駅がある。この一帯は地質上、秩父帯に属し、古生層神瀬《こうのせ》層群の分布域で、石灰岩が多い。「白石（しろいし）」は、石灰岩を意味し、山肌のいたる所に見える。

球磨川を挟んだ対岸（右岸）にはＪＲと並行して国道219号が走っており、白石駅から少し人吉駅寄り、つまり上流側の国道沿いの家並みがとぎれるあたりの山腹に、家並みを呑み込まんばかりにぽっかりと口を開けたような大きい洞窟が見える。昭和三十七年（一九六二）八月七日、熊本県の天然記念物に指定された「神瀬の石灰洞窟」である。俗に〝岩戸〟と呼ばれているこの石灰洞窟は、入口の横幅が四〇㍍《メートル》で、高さは一七㍍《メートル》ほどあり、洞口の大きさは日本一とか。奥行きは六〇㍍《メートル》ほどで、全体が半球形状の横穴になっていて、奥には地下三〇数㍍《メートル》の所に池がある。一帯は熊野座神社の境内で、洞内の向かって左隅には社殿が建っている。この洞窟、実は一足鳥《いっそくちょう》の生息地としても古くから知られている。

江戸時代の医者で文人でもある橘南谿は『西遊記』巻三（一七九五〜八年刊）に、岩戸の一足鳥のことについて書き記している。「岩戸には世界中でここだけにすむという、背中が黒くて腹が白く、尾は短いが全体的にツバメに似ていて、ただ一本足の小鳥が数百羽すんでいる。地元では一足鳥と呼ばれていて、岩戸の神の使いとして崇められ、この鳥を捕らえたりすると大風が吹いたり、洪水が起きたり、あるいは疫病が流行したりの禍いを招くとして大切にされている」といった内容である。橘南谿は、天明三年（一七八三）三月に、人吉・球磨の地に入り、この日は、庄屋大島喜左衛門と神主緒方靭負《ゆきえ》・大膳父子の案内で岩戸を訪ねたのだった。

昭和三年（一九二八）、下村兼史氏は、一足鳥がイワツバメ Delichon urbica であることを確認された。即ち、一足鳥はイワツバメに対するこの地方独特の呼び名なのである。『球磨郡誌』（一九四一年刊）に、釘宮嘉作氏も「古来、神瀬村の鐘乳洞内に一足鳥といひて、一本脚の小鳥の生活せると伝ふるはイワツバメならん。冬季には南方に渡行するものと、尚止まるもののあるが如し」と書かれている。岩戸は、一足鳥（イワツバメ）の繁殖地として、また越冬地として、古くから全国的に知られている。

昭和四十六年（一九七一）二月七日、ツバメの越冬地を調べて日本各地を訪ね歩かれている内田康夫氏が熊本を訪ねられた際にこの岩戸へ案内したことがある。案内したといっても、こんな時季に、しかも夕暮れどきに越冬状況の調査目的で訪ねたのは私も初めてだった。洞窟の壁面や天井の凹凸を巧みに利用して造られた泥巣は、周囲の岩肌と紛らわしくて分かりにくいが、三〇個以上はある。床には真新しい白い糞や最近抜け落ちたと思われるイワツバメの風切羽も一枚見つかり、最近も出入りしている気配が感じられた。洞内の気温は三度で洞外より一度低いものの、風が当たらないので体感温度はむしろ高く感じられる。

太陽は既に山の端に沈み、空の明るさも失われて急に寒さが増してきた十七時二分のことだった。対岸の山の上空にケシ粒大の二個のシルエット様のものが現れると、みるみる近づいて来てそのまま洞内に一直線に飛び込み、すぐ巣に入ってしまった。あっという間の出来事で、二人で虎視していてもちょっと油断すれば見逃してしまうところだった。ふと、洞窟の前にある店にたち寄ったときに女店主が話していた「一足鳥は今ごろは洞の奥で冬眠しているので見かけないが、春になるとまた出てくる」という冬眠説のことが思い出されておかしくなった。先の西遊記にも「此一足鳥、時節によりては、ことごとく蟄伏《ちっぷく》して一羽も見えざる時ありという」と聞き書きされており、地元では昔から一足鳥は、冬は洞内で冬眠しているものと思い込まれているらしい。近くに住んでいてもよほど注意していないとつい見逃してしまいそうな、ほんの瞬時の出来事だった。その十五分後にまたほかの二羽連れが帰って来たが、私たちを警戒したのか、洞内でUターンするとすぐ出て行ってしまった。岩戸が

俗に“岩戸”と呼ばれている「神瀬の石灰洞窟」(熊本県指定の天然記念物　1962年８月７日指定)
2004年４月30日　球磨郡球磨村(神瀬)で

石灰洞窟内に群れる一足鳥(イワツバメ)の幼鳥
1977年６月19日　球磨郡球磨村(神瀬の石灰洞窟)で

今なおイワツバメの越冬時の塒にも使用されていることが確認できたし、もうこれ以上長居しては安眠の邪魔になるかもしれないと思い、退散することにした。

ところで、とり目といえば夜目がきかないことで、暗黒の洞窟は、夜行性の鳥ならともかく、昼行性の鳥にとってはちょっと無縁の世界のように思える。しかし、雨露がしのげ、気温や湿度などの変化も少なくて繁殖や越冬時の塒などには格好の場所である。それにしても夜行性のキクガシラコウモリと昼行性の一足鳥ことイワツバメの同居はちょっと奇妙に見える。

キクガシラコウモリのように洞窟性のコウモリのなかまは、人には聞き取れない一六キロヘルツ以上の超音波を発しながら飛び、その反響（エコー）で障害物や餌となる昆虫なども認識しているという。鳥類でも南アメリカ北部に分布する果実食の大形のアブラヨタカ（オオヨタカ）は、ヨタカ科の鳥としては珍しく洞窟内で集団繁殖し、鋭く大きな声を出して洞窟性のコウモリのなかま同様に反響位置測定をしているという。また、東南アジアの洞窟奥深くに営巣するアナツバメも一・五〜四・五キロヘルツの声を一秒間に九〜一〇回発しながら反響位置測定をしながら飛んでいるという。イワツバメも洞窟内では絶えずチュビッとかジリリーなどと濁った鋭い声で鳴きながら飛んでおり、あるいはアブラヨタカやアナツバメのように反響位置測定をしているのだろうか。

岩戸ができたのは新生代後期と考えられており、一足鳥（イワツバメ）が繁殖や越冬時の塒として利用し始めたのはおそらく太古の昔までさかのぼるだろう。洞窟内にはイワツバメやキクガシラコウモリなどの臭いを嗅いでヘビのなかまもやって来るなど、洞内生態系が形成されている。

〈一足鳥〉

古代中国における想像上の鳥「山蕭鳥（独足鳥）」の和訳で、通常はもっぱらアマツバメに充てられ、その異名としてかなり全国的なものだったらしい。なんでもその鳥は一・・足で、雨が降りそうな時に嘯《うそぶ》くように鳴く、といわれている。この和訳の際に、前半部分の形態「一足」に注目して「一足鳥」や「かたあしどり」などの和名（日本語名）に訳され、後半部分の生態「雨が降りそうな時に鳴く」に注目して、もっぱらアマツバメに充てはめられた。

ところで岩戸付近ではアマツバメも、春や秋の渡りのときには見られる。また、橘南谿が岩戸を訪れた江戸時代中期には既に「いはつばめ」の呼び名もかなり全国的なものになっていた。それなのになぜ岩戸付近ではイワツバメを一足鳥と呼ぶようになったのだろうか。

巣に止まる一足鳥(イワツバメ)。短小で趾まで白い羽毛に覆われた両足をそろえて止まると一本足に見える
1969年6月22日　球磨郡球磨村(神瀬の石灰洞窟)で

名は体を現わす、という。今一度、イワツバメの足をよく見てみよう。空中生活に適応したツバメ科鳥類では一般に足の発達はよくなくて小さい。さらにイワツバメでは寒さへの適応のためか趾《あしゆび》まで全体が白い羽毛で覆われている。それで両足をそろえて止まると一本足に見えなくもない。和訳された「一足鳥」の和名は、形態面からはアマツバメよりもむしろイワツバメに充てたほうが相応しいようにも思える。当地ではイワツバメは岩戸の神の使いとして崇められており、神の使いであればそれなりのカリスマ性も必要であろう。それで和訳されたミスティカルな「一足鳥」の和名は、当地ではイワ

ツバメに充てられたのだろうか。
あるいは、もしかして「山蕭鳥（独足鳥）」の和訳などとは無関係に、当地で自然発生したイワツバメについての独自の地方名かもしれない。いずれにせよ、イワツバメの短小で全面白い羽毛に覆われた足に由来していることだけは確かだろう。

市街地への進出（コンクリート壁を岩壁に見立てて）

イワツバメは、その名が示すようにもともと日本では岩戸のような自然の岩壁に集団で営巣していた。本州中部では、たとえば富士山の三合目から五合目くらいにかけての溶岩の岩壁といったように亜高山帯から高山帯にかけての岩壁に、中国地方では日本海に面した山陰海岸国立公園（鳥取県の浦富海岸）内の岩壁や海食洞といった岩場に集団で営巣していた。

台湾には日本産とは別亜種のヒメイワツバメ D. u. nigrimentalis（Hartert）が留鳥として生息しており、東海岸の太魯閣峡谷《たろこきょうこく》の深く切り立つ石灰岩の岩壁にある水の侵食によってできた無数の穴（一種の甌穴《おうけつ》）には多数営巣していて燕子口《いえんずーこう》と呼ばれ観光名所にもなっている。

ところが日本では、戦後、なかでも昭和三〇年（一九五五）代後半から都市部で木造建築よりコンクリート建築が目立つようになると、そのコンクリートの外壁を岩壁に見立てて営

燕子口(いえんずーこう)。石灰岩が侵食されてできた無数の穴にヒメイワツバメ(イワツバメの亜種)が多数営巣していることからその名が付いているとか
1980年12月28日　台湾(太魯閣峡谷)で

巣するものが出現した。ツバメ科鳥類の多くの種にとって人間生活の場は好ましい営巣環境に映るらしく、イワツバメの都市部への進出は急速に進んでいる。

そういえば、イワツバメの種小名 urbica は〝都市〟の意だし、英名も house martin である。日本の「木の文化」に対して、「石の文化」が発達したヨーロッパでは日本よりずっと早くにこのような都市部への進出がなされた先進地ということだろう。

日本でも既に、地域によってはコンクリート製のビルや橋などの人工建築物だけでの営巣になってしまっている。日本のイワツバメは、現在、営巣場所を本来の自然の岩壁から人工建造物のコンクリート外壁へ移行させる過渡期にあるのかもしれない。いずれはヨーロッパのようになってしまうのだろうか。歴史の節目に生きる者として今後もしっかり見守っていきたい。

生誕地より生育地へ

今日ならば動物愛護団体からの猛反発がありそうな、イワツバメの移殖実験が一九二八年から数年間にわたって農林省（現・農林水産省）で行われた。

なんでも長野県東筑摩郡の浅間温泉の軒端で孵った雛を東京府（現・東京都）八王子市の鳥獣実験場で人工的に育てて放鳥するといったもので、果たして、その結果は一九三四年に八王子市の中央線日野駅で、東京では初めてイワツバメの巣が発見され、生誕地よりも巣立った生育地に帰って繁殖するということが分かった。

熊本県内での進出状況

私が住んでいる熊本県内での市街地への進出はいつごろから始まったのだろうか。私が昭和四十二年（一九六七）元旦から書き始めた鳥日記の中からイワツバメの市街地での観察記録を拾い出してみた。最も古いのは一九六八年十一月十一日の熊本市中心部の手取本町での乱舞の観察である。また、巣に関する観察では翌、一九六九年十一月二十九日に国鉄鹿児島本線（現・JR）の水俣駅ホームの天井に集団的に造られた巣にイワツバメが出入りしている、というのが最も古く、出水市へツル見物に行く途中に観察したものである。なお、余談になるが、この年には熊本市桜町に熊本交通センターが完成し、後年ツバメのなかまやヒメアマツバメの格好の営巣場所となる。

一九七〇年五月には、菊池市隈府《わいふ》の菊池産交バス停に一〇番いからなる集団営巣が見られた。また、市街地ではないが、阿蘇山ロープウェー山上駅や山上派出所などでも同じく五月中に繁殖が確認された。

その後、一九七六年六月には熊本交通センターでイワツバメが育雛中の巣にヒメアマツバメ（アマツバメ科）が強引に巣造りしたことがある。このことについてはこの後でまた詳しく述べることにする。

なお、この年にはすぐ近くでコシアカツバメも営巣していた。熊本交通センターでイワツバメやコシアカツバメが繁殖するようになったのはこの年以前で、コシアカツバメの方が早かったと記憶しているが記録していないので詳しい年月日まではっきりしない。

新しい場所での巣造りに最初から気付いていたものとしては、川辺川の権現橋《ごんげん》（一九七六年竣工）での場合がある。川辺川は、日本三急流の一つ球磨川の一大支流で、現在ダム建設で話題になっているのでご存知の方も多いと思うが、この川辺川の球磨川との合流点近くにある橋で、コンクリート製の橋梁に初めて三番いが巣造りを始めたのに気付いたのは平成三年四月十四日のことだった。『相良村誌』執筆のための調査中での発見で、私が相良南中学校に勤務していたころと、それから約三〇年後の鳥相とを比較してその変化についてまとめるつもりでいたので関心をもって見守った。しかし、その後、三個の巣とも何ものかによって壊されてしまった。その後六月二日に同じ場所に再び巣造りを始めたが、それもまた何ものかによって全部壊されてしまい、残念ながら新しい繁殖地とはならなかった。巣を二度も壊したのは、現場を見ていたわけではないが、周囲の状況からして橋周辺でよく見かけるハシボソガラスではないかとみている。ハシボソガラスがイワツバメの巣を襲うのはほかでは

橋梁に集団的に造られたイワツバメの巣。平らな面では
巣と巣が接触するように密集して造られる
2004年５月22日　球磨郡五木村(宮園橋)で

よく知られている。やはり新天地の開拓にはなにかと困難が伴うものらしい。

それから十三年後の平成十六年四月十六日、権現橋より約三八キロメートル上流の、五木村宮園の川辺川に架かるコンクリート製の宮園橋《みやぞの》（一九七九年竣工）に新たに約一二〇巣のコロニーが形成されているのに気付いた。なんでも地元の人の話ではコロニー形成は四、五年前からで、初めはハシボソガラスが巣を襲っていたが、巣の近くに黒いビニールを吊してやったところ被害が減少し、今日のように増加したとかで、今後の推移を注意して見守っていこうと思っている。

市街地にうまく進出して開拓した新たな集団営巣地では初めのうちは急速に年々規模を拡大していく。しかし、あまり長続きはしないで、数年もたつといつしか、しだいに消滅してしまうことが多い。先に述べた「岩戸」のように自然環境での営巣の場合は太古の昔から営々と続いていることを考えると不可思議である。

市街地での営巣では多くの人目によってカラスのなかまなどの天敵からも守られ、しかも冬は比較的暖かくて快適のように思える。しかし、快適なのはイワツバメだけでなく、ダニなどの寄生虫についても同様のことがいえる。先にも述べたように、自然の岩壁に営巣する場合は岩壁の凹凸を利用して造られるために集団営巣といっても個々の巣は離れているが、人工の平らなコンクリート壁に営巣する場合は巣と巣が接触し重なり合うように団塊状に密集して造られることが多いので、寄生虫なども伝染し易い。巣内の寄生虫の量は雛の巣立ち率に大きく影響することが分かっている。巣は育雛のためだけでなく、冬季の塒にも使用されるので、ことにダニのなかまなどの増殖が集団営巣地の移転の大きな原因ではないかと考えられている。なお、イワツバメにつく吸血性のツバメヒメダニ（ヒメダニ科）はヒメアマツバメ（アマツバメ科）や人にもつくので困ったものである。

ヒメアマツバメに不法占拠された巣

桜町の熊本交通センターにあるイワツバメの巣にヒメアマツバメらしい鳥が出入りしている、と、鳥友のN氏から半信半疑の電話があった。昭和五十一年（一九七六）六月初めのことである。ヒメアマツバメ（アマツバメ科）は、元来南方系の鳥だが、日本でも昭和四十年（一九六五）代になってから新たに繁殖するようになり、日本鳥学会編の『日本鳥類目録』では改訂第五版（一九七四年刊）から、日本産鳥類として記載されるようになった鳥である。九州では既に宮崎県（一九六八年）、沖縄県（一九六九年）、鹿児島県（一九七三年）で繁殖が確認されていて、熊本県内での繁殖も時間の問題と考えられていたが、ついにその時が到来したようである。

それでさっそく六月十二日（土）の午後から確認しに出かけた。問題のイワツバメの巣は

イワツバメの雛がいる巣で不法にも巣造りを開始した
ヒメアマツバメ(アマツバメ科)
1976年6月13日　熊本市桜町(熊本交通センター)で

すぐに見つかった。というのも巣の縁に羽毛が不自然についていたからである。しかし、イワツバメの巣にしては巣の縁があまり高くなくてツバメの巣と大差がない。ただ厚みがあり、二層に分かれて見えるのは、泥の質が異なるためである。熊本交通センタービルには以前にツバメが営巣していたこともある。ビル完成後に最初に営巣するようになったのはツバメで、その後コシアカツバメが営巣するようになり、さらにその後イワツバメも営巣するようになった。それでまだ場所によってはツバメやコシアカツバメの古巣が残っている。この巣はどうもツバメの古巣の上に泥を継ぎ足して増改装したものらしい。巣内にはもうだいぶ成長した雛が三羽いて、イワツバメの親鳥は雛への餌運びに忙しそうだった。見かけるのはイワツバメばかりで、ヒメアマツバメの姿はどこにも見当らない。ヒメアマツバメとイワツバメは背面からだとどちらも腰が白くて似て見えないこともないが、N氏の日ごろの識別力からして両種を見間違えたとは考え難い。しかし、時計の針が十七時を回ってもめあてのヒメアマツバメはいっこうに姿を見せず、そろそろ帰ろうかと思ったその時である。曇り空の一隅から突然アマツバメ型の鳥が湧き出るように次々と現れ、もの凄い速さで上空を飛び交い始めた。三日月のような細長く尖った翼での重量感ある力強い飛び方である。と、そのうちの二羽が群れから離れたかと思うと、急降下してみるみる近づいて来て、あっという間に例のイワツバメの巣に次々と飛び込んだ。あっけにとられて見ているると、二羽はイワツバメの雛の上に馬乗りになって巣の縁に運んできたドバトの羽をくっ着け始めた。間違いなくヒメアマツバメである。厚かましいというかずうずうしいのもいいところである。そう思って見ると、なんとなく意地悪そうな顔付きをしている。羽をくっ着け終わると、イワツバメの親鳥が帰って来る前に何事もなかったように飛び去って行った。

その後も成り行きが気になり何度も訪ねてみた。ヒメアマツバメは昼間は巣の近くには姿を見せず、夕方十七時過ぎごろに帰って来て巣造りを続けた。イワツバメの親鳥とはうまい具合にすれ違っていたが、ヒメアマツバメが巣造りしている時にイワツバメの親鳥が帰って来ると、イワツバメの親鳥は追い払おうと威嚇するように激しく鳴き騒ぎながら巣のすぐ近くを飛び回った。しかし、ヒメアマツバメは全く動じるふうでもなく無視したようにして巣造りを続けた。ただイワツバメの雛に危害を加えるようなことはなく、六月二十日には三羽の雛とも無事に巣立ちほっとした。

その後、羽の壁は天井に届き、出入口が二か所ある暖かそうな巣に出来上がった。ヒメアマツバメの巣への出入りは八月中旬まで見られ、夜間の塒に使用されていたようで、雛が巣立ったかどうかははっきりしなかった。

ヒメアマツバメの巣は、空中で採集した多量の羽毛を唾液で固めて、側面に入口がある半球形に造られる。沖縄での場合のように初めから自らで造ることももちろんあるが、初めから全部造るには大変な労力と時間がかかる。それでときにはほかのヒメアマツバメの巣を横取りしたりし、そのとき巣内に卵があったり雛がいたりすると、なんとそれらは殺してしまうという。巣の横取りは、雄、雌どちらもし、さらに巣の横取りに成功すると巣の前の持ち主と番いになって繁殖することもあるというから、ちょっと驚きである。そんなヒメアマツバメに巣を狙われてイワツバメの雛が無事に巣立ったのは不幸中の幸いだったといえよう。

ヒメアマツバメは、先にも述べたとおり、近年分布拡大していて、新しく進出した当初は巣造りのための労力削減からかツバメのなかまの巣を利用というか、今回の場合などは不法占拠して営巣するらしい。日本ではこれまでコシアカツバメの古巣を利用したものが最も多く、ツバメの古巣を利用した巣（鹿児島県での例）も知られているが、イワツバメの巣を利用したのは今回が初めてのようである。

コシアカツバメ

腰が赤褐色でその名がある。日本産ツバメ科鳥類の中では最も大きく、尾も長めで切れ込みも深い。また、腹面は淡いクリーム色に黒い点線状の縦斑があり、下尾筒は黒い。

ユーラシア大陸南部・アフリカ中部・日本・フィリピン・小スンダ列島などで繁殖し、十二亜種に分けられている。日本産の亜種は、主にアジア東南部に分布し、日本には夏鳥として九州以北に渡来する。近年、分布が北方に拡大しており、一九七二年には津軽海峡を越えて北海道の礼文島で繁殖が確認され、翌一九七三年には根室でも繁殖が確認された。近畿以西に多いといわれているが、分布は割と局地的で、しかも流動的である。

私が生まれ育った熊本市内にコシアカツバメがいることを知ったのは、西日本新聞（一九六三年一月二十七日付）の「熊本市江津湖ではツバメ約五百羽に交じってコシアカツバメ十

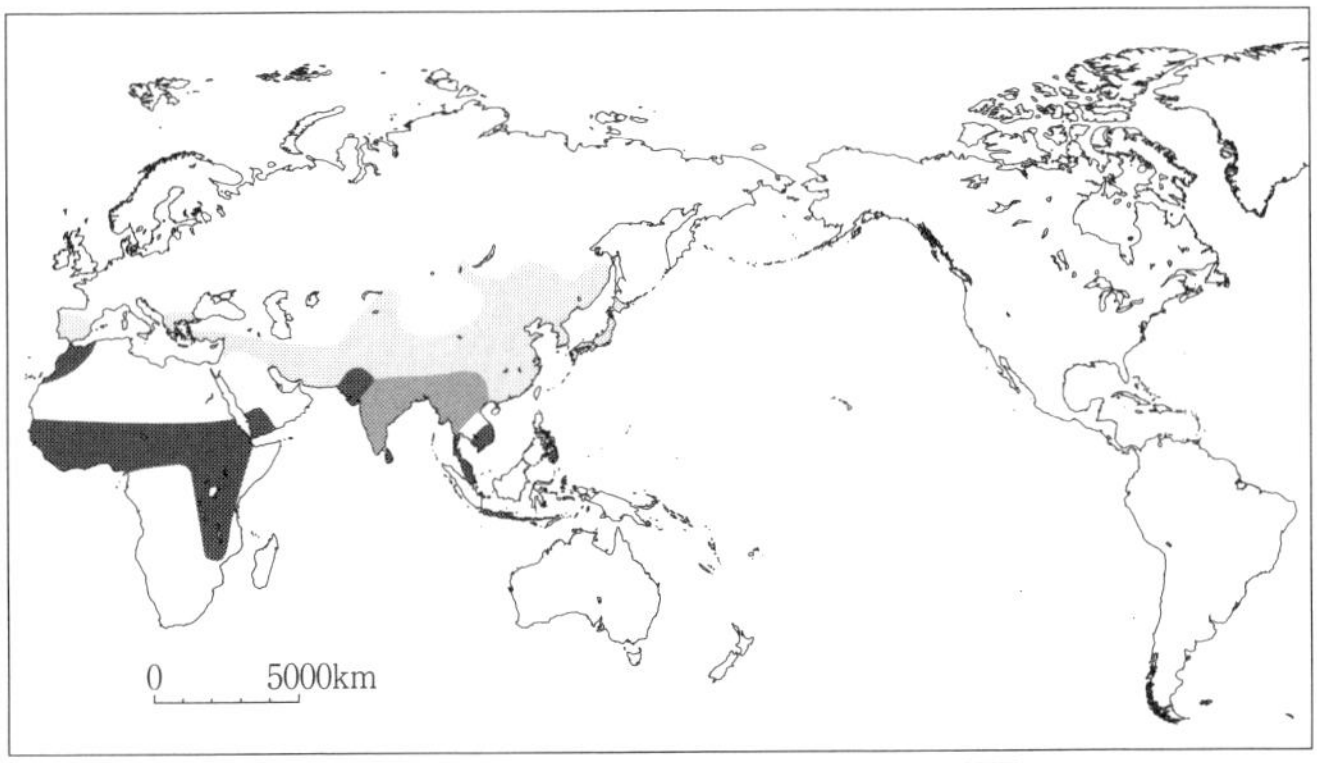

コシアカツバメの分布　繁殖地　越冬地　周年生息地

数羽が越冬している」という記事でだった。コシアカツバメを実際に見たのは、熊本市内ではなく、その年の四月に赴任した熊本県南部の人吉市内でだった。国鉄肥薩線（現・JR）の人吉駅前から九日町通りにかけての市中央街のコンクリート外壁の庇の下にはたいていコシアカツバメの巣があって、なかば集団的にいくつもの巣が寄り添うようにしてあった。巣の個数は、ツバメの巣よりはるかに多く、目立っていた。

熊本市内での繁殖は、私の鳥日記では、昭和四十五年（一九七〇）の熊本市役所（手取本町）玄関庇下や、同じ市電通りの花畑町のビルでの営巣が最も古い記録となっている。

また、この年の十月二十四日には、それまで知られていなかった塒入りを人吉市内で偶然見ることができた。その日の夕方、紺屋町の二条橋通りを歩行中に店舗の軒下に造られたコシアカツバメの巣にコシアカツ

コシアカツバメとその巣
1987年６月21日　阿蘇郡阿蘇町(現・阿蘇市)で

バメがたまたま一羽飛び込むのを見た。もうだいぶ暗いなかでのほんの一瞬の出来事だった。その当時はまだコシアカツバメがどこで塒をとるかは知られておらず、たぶんツバメのようにどこかに集団でとっているだろうくらいにしか考えられていなかったので、この見た事実をツバメを研究している仲間たちに話しても、なかなか納得されずに口惜しく思ったことを覚えている。翌、昭和四十六年（一九七二）一月十六日には球磨川の中洲にある中川原公園で一羽見かけ、人吉市内にも越冬するものがいることも分かった。

その後、熊本県内では、熊本市や人吉市以外でも越冬していることが分かってきた。そのため夏鳥としての渡来や渡去の時季は分かりにくいが、春は四月下旬に急に目立つようになり、ツバメの渡来より遅いようである。五月になると巣造りを始め、人家や店舗、病院、学校などの軒下や橋梁など主にコンクリートの人工建造物に、泥に枯れ草を交ぜて唾液で固め、徳利を縦割りして横倒しにしたような筒状の入口が付いた巣を造る。巣は、一般にツバメの巣より高い場所に造られるが、ときには平屋の車庫内などに造られることもある。営巣はツバメ同様に人工建造物に限られ、今日、自然物への営巣は全く知られていない。集団で営巣することが多く、その際は巣と巣は重なり合うように接触して団塊状に密集することもある。古巣も補修してよく再使用するが、繁殖期が早いスズメやヒメアマツバメに占拠されることもけっこう多い。ヒメアマツバメは、近年分布を拡大しており、新しく進出した際にはコシアカツバメの古巣を利用して営巣することが多い。コシアカツバメの巣造りは六月いっぱいで一段落するが、なかには八月下旬に巣造りしているのを見たこともある。

六月には雛も孵り、育雛はほかの小鳥に比べて遅い九月上旬ごろまで観察される。繁殖終了後、つまり非繁殖期（越冬期）の生態については分かっていないことが多い。十一月上旬までは比較的よく見かけるが、その後約一か月間はほとんど見かけなくなる。ところが十二月中旬には再び見かけるようになる。しかし、厳寒期の一月下旬から三月中旬までは再びほとんど見かけなくなる。その間どこでどうしているのか分からず、塒にしても巣でとるのが一般的なのかどうかもまだはっきりしないし、秋の渡去がいつで主な越冬地がどこなのかもよく分かっていない。

ショウドウツバメ

漢字では「小洞燕」と書く。砂泥質の軟らかい川岸の崖や土手に自ら足や嘴で小さな横穴（小洞）を掘って営巣することからその名がある。巣穴は、入口の直径が五～九センチほどで、奥行きは二〇～一〇〇センチほどあり、奥には直径四～五センチ、深さ二センチほどの小さな椀形の巣が

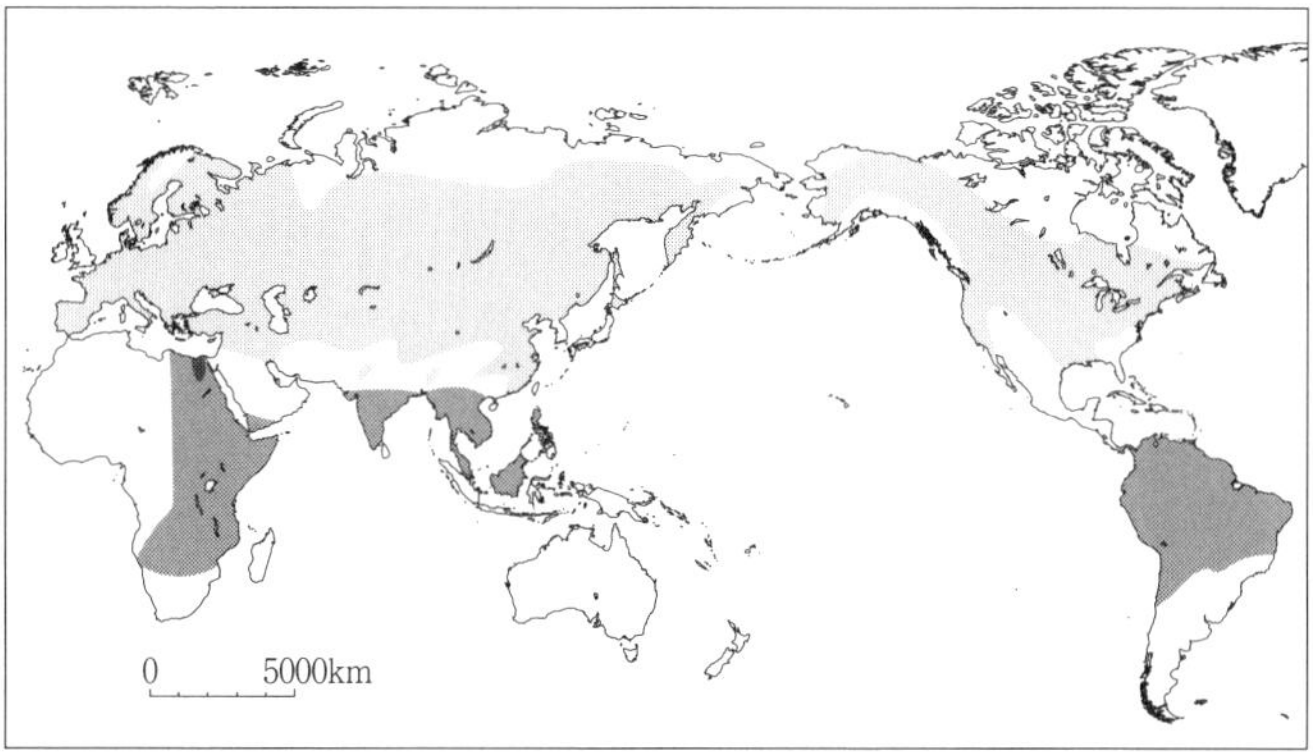

ショウドウツバメの分布　繁殖地　越冬地　周年生息地

枯れ草や羽毛、獣毛などで造られる。江戸時代前期に「つちつばめ」とか漢名で土燕（どえん）と呼ばれていたのは本種のことと考えられ、江戸時代後期には「すなむぐりつばめ」とも呼ばれていた。

日本産ツバメ科鳥類五種中では最も小さく、背面は他の四種のように黒くなく、暗褐色ですぐ区別できる。また、腹面は白く、胸にネクタイ様のT字形の褐色帯があるのも特徴で、尾の切れ込みも浅い。

ユーラシア・北アメリカ両大陸の大部分で繁殖し、アフリカ・インド・南アメリカなどで越冬するとされている。日本では北海道に夏鳥として渡来し、繁殖することは早くから知られているものの、越冬地や渡りの経路などについてはまだよく分かっていない。北海道で夏鳥として繁殖することから本州以南の地では旅鳥として春と秋の渡りの際に観察されそうだが、実際に観察されているのは本州では主に中部以北の太平洋

海苔簱《のりひび》用の竹竿に止まるショウドウツバメ
1971年９月20日　玉名郡横島町(有明海沿岸)で

岸で、それも主に秋の渡りの時季で、本州南部以南で観察されるのは非常に稀だった。少なくとも一九六〇年代まではそのような状態で、日本鳥学会編の『日本鳥類目録』では改訂第四版（一九五八年刊）までは九州での観察記録は載っていなかった。それで昭和四十六年（一九七一）九月十五日に有明海東岸の横島干拓地で二羽見たときには大発見でもしたような興奮を覚えたものである。

その後、注意して観察すると、有明海や八代海の沿岸部では毎年九月から十月にかけて割と普通に見られることが分かってきた。ショウドウツバメの渡りに異変が生じたというよりも、それ以前に観察記録がなかったのはどうも単にそれまではあまり注意して観察されていなかったせいではないだろうか。本州中部の太平洋岸のアシ原では秋の渡りの時季にはツバメに交じって集団就塒するのが観察され、茨城県の霞ヶ浦では越冬するものがいることも知られている。

また、一方では、北海道の小樽市で平成十二年に標識されたものや石狩市で平成十三年に標識されたものがベトナム南部のホーチミン近郊で回収され、越冬地も具体的に分かりかけている。

ただ、春の渡りのときの観察例はまだ極めて少なく、秋の渡りとは異なる大陸東岸沿いに北上するのではないかとも考えられている。この件についてもいずれそのうちに明らかになることだろう。

リュウキュウツバメ

一見ツバメに似るが、やや小さく、尾も短かくて切れ込みも浅い。胸から腹にかけては淡褐色でツバメのように白くなく、下尾筒の羽毛は黒くて羽縁が白いため全体としてはうろこ模様になって見えるのが特徴である。

奄美大島以南の南西諸島・台湾・フィリピン諸島・カリマンタン島（ボルネオ島）・マレー半島・大スンダ列島・ニューギニア島・オーストラリア・タスマニア島を経てポリネシアのタヒチ島までの太平洋の南西部から南部にかけてと、インド南部とスリランカに分布する。種小名 tahitica は、「タヒチの」の意で、英名 Pacific Swallow は、「太平洋岸のツバメ」の意で、それぞれ分布の特徴をよく捉えている。十一亜種に分けられており、日本産の亜種はその中で最も北方に分布し、奄美大島から石垣島・西表島・与那国島に

リュウキュウツバメ
沖縄切手（1966年の愛鳥週間記念）

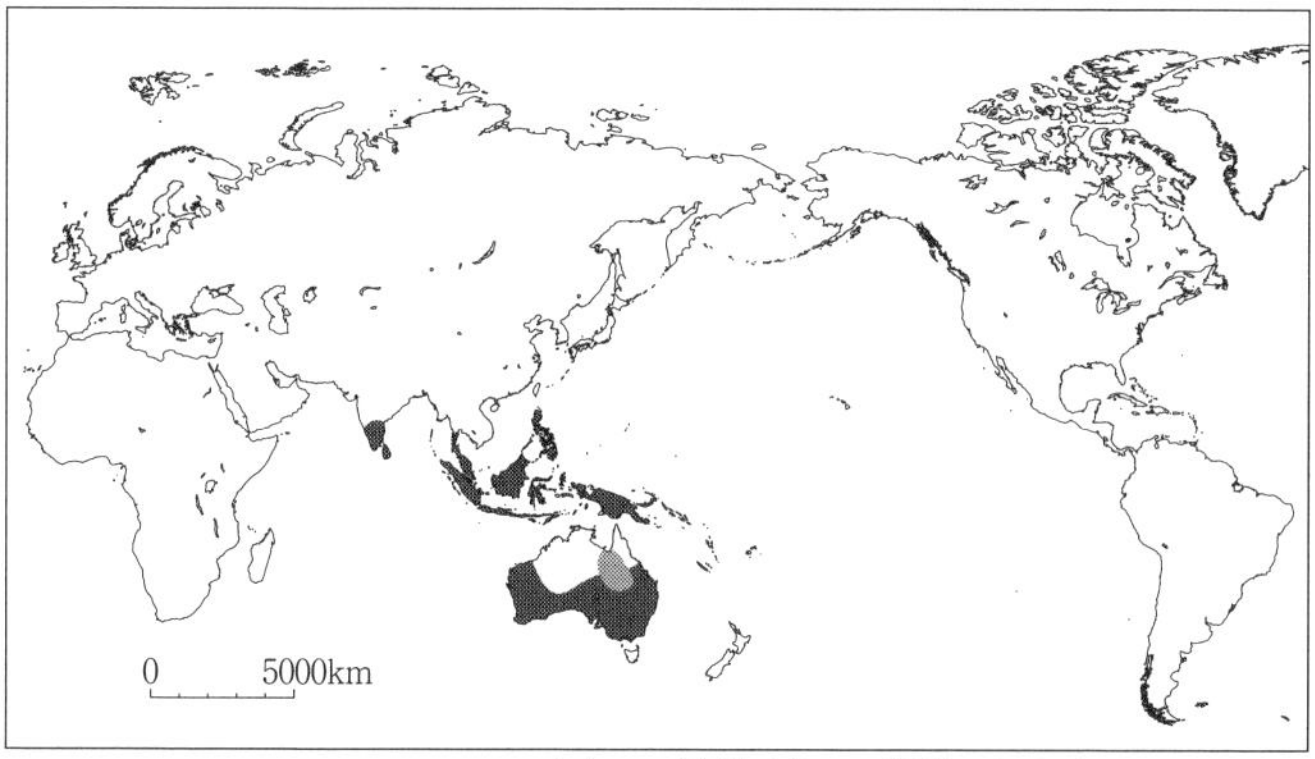

リュウキュウツバメの分布　越冬地　周年生息地

かけての南西諸島および台湾に留島として生息している。

生態はツバメに似ているが、営巣はツバメのように人家や橋梁などの人工建造物に限らず、ときには海食洞のような自然の場所にもする。ツバメの営巣にもかつてこのような時期があったと考えられ興味がもたれるところである。

営巣場所をめぐる興亡

日本産ツバメ科鳥類三属五種のうち、リュウキュウツバメとショウドウツバメの二種は、先に述べたとおり、分布がそれぞれ南北に偏在しているが、残る三種は同所的に繁殖している地域も多い。そういう地域では食物に関しては採餌空間の高さを違えるなどして競合を避けているようだが、営巣場所については競合による興亡が認められる。

熊本市桜町の旧熊本県庁跡地に昭和四十四年（一九六九）に完成した熊本交通センターは、日本最大規模の総合バスターミナルとかで、バスによって人が多く集まるようになると、ツバメ科鳥類やヒメアマツバメ（アマツバメ科）も集まってきて一大繁殖地が形成された。新ビルにまず最初に営巣したのは、旧県庁所在のときからいたツバメだった。その後、昭和四十五年（一九七〇）に熊本市内でもすぐ近くの熊本市役所や花畑町のビルで繁殖が知られるようになった新興勢力の大形のコシアカツバメもすぐ進出して来て営巣するようになった。一方、熊本県内ではイワツバメの市街地への進出が一九六〇年代末から目立ち始めていて、熊本交通センタービルでも営巣するようになった。イワツバメは小形ながら、なにしろ大規模の集団で営巣するために多勢に無勢で、あっという間にツバメやコシアカツバメにとって代った。

ところが今度は近年分布を拡大しているヒメアマツバメ（アマツバメ科）が昭和四十年（一九六五）代になって日本でも繁殖するようになり、熊本県内でも昭和五十一年（一九七七）六月に、熊本交通センターで初めて巣造りが確認された。それはなんとイワツバメの巣を不法に占拠しての営巣で、このことについては先に詳しく述べたとおりである。ヒメアマツバメの巣は空中に漂う羽毛を多量に集めて造られるために巣造りには多大な労力と時間を必要とするが、イワツバメの巣を利用して造れば労力も時間もずい分と節約でき効率よく造れることになる。しかし、当のイワツバメにとってみればたまったものではなく見切りをつけたのか、いつの間にかいなくなってしまった。その後の熊本交通センターはヒメアマツバメの一大営巣地として今日に至っている。

熊本県内では、一九六〇年代末から一九七〇年代半ばごろまでの時期は、コシアカツバメや、ヒメアマツバメ（アマツバメ科）の繁殖地拡大、それにイワツバメの市街地への進出などがちょうど重なった時期で、その間に新しく完成した熊本交通センタービルは、これらの鳥たちにとって格好の営巣場所として目まぐるしい争奪戦が繰り広げられる舞台になったらしい。

今になって悔まれるのは、こういった入れかわりの興亡史をもっと詳しく年月日まできちんとなぜ記録しておかなかったかということである。自然界は一定不変のように見えても絶えず変化していて、その変化は気を付けて観察し記録していないとつい見逃し、何事もなかったかのように過ぎ去ってしまう。昨今は地球温暖化の影響によるのか南方系生物の北方への進出が目立ち、従来の生態系への影響が憂慮されている。今後はもっと注意して観察し、きちんと記録していかなければと思っている。

第Ⅲ編　民俗

五章　日本人のツバメ科鳥類についての認識

ツバメについての呼び名と表記の変遷

「ツバメ」の呼び名も「燕」の字も、『万葉集』（七九〇年）に見出され、既に奈良時代からあったことが分かる。ところがそれより古い『日本書紀』（七二〇年）には「鷰」（「つばくらめ」や「つばびらく」と読む）と出ている。言葉は一般に生まれてから時がたつにつれて略され短縮される傾向があるので、「つばくらめ」や「つばびらく」の呼び名や「鷰」の字の方がさきで古いと考えられる。

「ツバメ」の呼び名や、それに充てる「燕」の字は、奈良時代から今日まで続いている。なお充てられる字は、平安時代には鷰・玄鳥・鳦、鎌倉時代には天女なども加わった。ところが鎌倉時代に軍記物語が出現すると鳥名なども音読みされるようになり、これらの字から新たに「えん」（燕）、「げんちょう」（玄鳥）、「いつ」（鳦）などの呼び名が生まれ、少なくとも江戸時代までは使われていた。

一方、日本書紀に見える「つばくらめ」の呼び名は少なくとも江戸時代までは一般的に使われていたようで、それに充てられる字は、平安・鎌倉時代には「鷰」、室町時代以降はツバメと同じ「燕」になっている。また、室町時代には「つばくら」と略して呼ばれ、江戸時代中期には「つばくろ」とも呼ばれた。

もう一方の「つばびらく」の呼び名は、その後平安時代から江戸時代前期の期間にも使われていたかどうかははっきりしないが、江戸時代中期から後期にかけては使われておりよみがえったという感じである。また、平安時代には「つばびらく」が転訛したと考えられる「つばびらこ」の呼び名もみられ、これも鎌倉時代以降、江戸時代前期にかけての期間に使われていたかどうかははっきりしないが、江戸時代中期から後期にかけては使われており、よみがえったという感じである。

このほか、江戸時代には本草学が盛んになり、中国名の「越燕」（えつえん）や、それが和訳された「こつばめ」などの呼び名も生まれた。また、江戸時代中期には、鎌倉時代の「いつ」（鳦）に由来すると考えられる「いつちょう」（乙鳥）、後期には奈良時代の「つばくらめ」や「つばびらく」が略されたと考えられる「つばくら」などの呼び名もあった。文芸上では「ひめすどり」の呼び名が室町時代に生まれ、江戸時代末までは使われていたようである。また江戸時代中期には「ひいご」「ひご」などの地方名もみられ、身近な鳥だけに各時代での呼び名も実にさまざまである。

ツバメの語源

ツバメは、その古名「つばくらめ」が縮められたものと考えられる。それでは元の「つばくらめ」にはどんな意味が込められているのだろうか。その語源については、とくに江戸時代の国学者たちによって、羽色由来説や鳴き声由来説のほかいくつかの説が提唱されている。

ラオス発行の郵便切手

新井白石は『東雅』(一七一七年)で「つばくら」は光沢、「くら」は黒、「め」は鳥、即ち「黒光りする鳥」の意としている。しかし、柳田国男は『野鳥雑記』(一九二八年)で「くら」は黒ではなくて「小鳥」であると解釈している。

大槻文彦の『新編大言海』(一九八二年)では「つばくら」は鳴声、「め」は群れ、としている。また、「つちばみくろめ（土喰黒女）」「つばくろめ（翅黒女）」「つやくろめ（光沢黒女）」の略転ともいう。貝原益軒は『日本釈名』（一六九九年）で「つちばみ（土食）」に由来するとしている。

やはり最も身近かな鳥だけに人々の関心も高く、語源についても諸説がある。なかにはまゆつばものと思えるものもあるが、それぞれに特徴を捉えていて興味深い。ただ決定的な定説といえるものがないのはちょっとすっきりしない。「つば」は鳴声、「くら」は小鳥、「め」はスズメ、カモメなどのように鳥を示す接尾語との解釈が穏当と考えるが如何だろうか。

漢字「燕」の起源

「燕」の字の起源は、今からおよそ三三〇〇年前の中国最古の文字「甲骨文字」までさかのぼる。殷《いん》帝国での占《うらな》いの記録が淡水産の亀の腹甲や、獣の骨にナイフで刻みつけられていて、物の形を記号化した象形文字である。ツバメを表す文字（記号）は、口を開いて飛んでいる姿を上から見て頭部を上方にして描かれた字形になっている。甲骨文字は周代には金文《きんぶん》に進

甲骨文字

金文

篆書

楷書

ツバメを表す
字形の変遷

化し、麻の紙が発明されると毛筆で書くのに都合よいように時代が下るにつれて直線的に記号化され、奏代には篆書《ていしょ》、漢代末には楷書が生まれ、「燕」の字も完成した。

ところで殷代には人の祖先はツバメだと信じられていた。中国最古の詩集『詩経』の「玄鳥の詩」には、殷の女性先祖の簡狄《かんてき》が春の川辺で水浴びしているとツバメの卵が産み落とされ、それを呑んだら殷の祖が誕生した、ということが出ている。ツバメが中国では、子授けや安産のシンボルにされているのも、この故事によっているものらしい。

「燕」は「エン」と発音する。中国では「燕（エン）」と「安（アン）」は同じ意味に用いられている。どちらも「やすらかにおちついた」という意味で、安楽のことは燕楽とも書かれる。ツバメ（燕）は「平安」のシンボルであり、「安産」のシンボルでもあるというわけである。

また、中国ではツバメを古くには「玄鳥」と呼んだが、「玄」は黒を意味し、黒い羽に由来した呼び名である。

〈標準和名と学名〉

ツバメという呼び名は、奈良時代から今日まで一貫して続いているものの、時代によってはそのほかにもいろんな呼び名があったし、また同じ時代でも地域によっていろんな違った呼び名がある。このように一つの鳥種についていくつもの呼び名があると煩雑だし、また同じ呼び名で別の鳥がいたりすると混乱が生じてやっかいである。一つの鳥種には一つの全国的に統一された呼び名（標準和名という）が決まっていると便利である。

そこで日本鳥学会は、大正十一年（一九二二）に、それまでいろいろに呼ばれていたものを整理して、その中から一番よいと思われるものを一つ選び出して、それを標準和名とし、『日本鳥類目録』（第一版）を、会の創立一〇周年記念として刊行した。編集・執筆には四人の鳥学者（黒田長禮《ながみち》・松平頼孝・鷹司信輔《たかつかさのぶすけ》・内田清之助）があたり、標準和名には既に江戸時代に広く定着して用いられた呼び名が多く継承されることになった。なお、この目録第一版には、当時日本の占領地だったサハリン・朝鮮・台湾産の鳥類も含まれていて、七八八種もが収録されている。日本鳥類目録は、その後改訂が重ねられ、最新の第六版は平成十二年に刊行されている。

また一方、標準和名と同じ考えで国際的に統一された学問上の呼び名が学名である。こちらはラテン語またはラテン化した古代ギリシャ語で書かれている。国際動物命名規約によって、スウェーデンのカール・フォン・リンネが自然の体系第一〇版（一七五八年）で確立した二名式命名法により、人の姓名に相当する属名と、名に相当する種小名

（亜種があれば亜種名も書き、この場合は三名式となる）、その後に命名者名と命名年代が記されることになっている。なお、属名と命名者名は大文字、種小名は小文字で書き始めることになっている。

ちなみに日本に分布し繁殖しているツバメの標準和名はツバメで、学名は Hirundo《属名》 rustica《種小名》 gutturalis《亜種名》 Scopoli《命名者名》, 1786《命名年代》 となる。

ツバメ科鳥類の区別と認識の歴史

ツバメ科鳥類は、日本にはツバメのほかにイワツバメ・コシアカツバメ・ショウドウツバメ・リュウキュウツバメの計五種が分布し繁殖している。

このほかにアマツバメ・ハリオアマツバメ・ヒメアマツバメなど、ツバメと名が付く鳥も分布し繁殖しているが、これら三種は外見がツバメに似ているのでツバメの名が付いているものの分類上は縁遠い鳥たちでアマツバメ目アマツバメ科に属している。ツバメ科、アマツバメ科のどちらも空中での生活に適応進化していくなかで互いによく似た体形になった収《しゅう》斂《れん》進化によるいわゆる空似である。アマツバメの「アマ」は雨のことで、雨が降る前などに

アマツバメ。ツバメよりずっと大きく、翼が細長い
1974年５月19日　熊本市春日(花岡山上空)で

ハリオアマツバメ。鳥類中最速飛行者とみられ
170km/時で飛ぶ
1984年10月14日　球磨郡五木村(大通峠)で

よく見かけることからその名がある。アマツバメ科鳥類は、一般にツバメ科鳥類より大形で、特に翼が長くて飛翔力に優れ、空中での生活により適応している。外部形態を詳しく見ると、趾《あしゆび》がツバメ科鳥類では前三本で後一本なのに対して、四本とも全部前方に向く皆前趾足で、跗蹠の前面も平滑で鱗模様がなく、尾羽もツバメ科鳥類の十二枚に対して十枚であることなどが違っている。

しかし、ツバメ科鳥類はもとより、それらによく似たアマツバメ科鳥類も含めた中から個々の鳥種をわれわれの先人たちはどのように区別し、どう認識してきたかについて歴史的にみてみよう。

ツバメについては先にも述べたが、奈良時代の『日本書紀』（七二〇年）に「つばくらめ」や「つばびらく」の名で見出される。一方、アマツバメは、ツバメより少し早く『古事記』（七一二年）に「あめ（阿米）」の名で見出される。「アマツバメ（胡燕）」の呼び名は、平安時代になって『色葉字類抄』（橘忠兼、一一八一年）に見出される。また、平安時代には「あまとり（胡燕）」とも呼ばれていた。要するにツバメとアマツバメは意外にも既に奈良時代から区別して認識されていたということで、日本人の自然観察眼の鋭さには改めて感じ入る。なお、アマツバメ科のハリオアマツバメは、江戸時代までは「アマツバメ」と呼ばれていて、アマツバメとはとくに区別されていなかったようである。アマツバメ科の残るもう一種のヒメアマツバメは昭和四十年（一九六五）代になってから日本にも分布し繁殖するようになった鳥で、ここでは対象外とする。

それではツバメ科鳥類で、ツバメを除く他の四種はいつの時代から区別して認識されるようになったのだろうか。結論からいうと、それは日本でも本草学が盛んになった江戸時代になってからである。本草学の本家、中国ではツバメ科鳥類を古くは越燕（えつえん）と胡燕（こえん）の二種に分けていた。これを日本では「こつばめ」と「おほつばめ」や「つばめ」と「やまつばめ」などと和訳し、越燕（「こつばめ」または「つばめ」）はツバメ（ツバメ科）に、胡燕（「おほつばめ」または「やまつばめ」）はアマツバメ（アマツバメ科）やコシアカツバメ（ツバメ科）に充てられた。

なお、コシアカツバメについてはこれとは別に、江戸時代前期には「たうつばめ（唐燕）」、中期には「じゃえん（蛇燕）」や「わしつばめ」、後期には「とっくりつばめ」などとも呼ばれていた。

一方、このほかイワツバメは江戸時代中期から「いはつばめ」と呼ばれ、ショウドウツバメは江戸時代前期に「どえん・つちつばめ（土燕）」、後期には「すなむぐりつばめ」などとも呼ばれて、それぞれにその存在が認識されていた。

要するに、ツバメは奈良時代に、コシアカツバメとショウドウツバメは江戸時代前期に、

日本産ツバメ科鳥類の呼び名と表記の変遷

標準和名	呼び名	奈良	平安	鎌倉	室町	安土桃山	江戸 前期	江戸 中期	江戸 後期
ツバメ	つばめ	燕	燕・鷰・鳦・玄鳥	燕・天女	燕	燕	燕	燕・天女	燕・天女
	つばくらめ	鷰	鷰	鷰	燕	燕	燕	燕	燕
	つばくら				燕	つばくら	燕	つばくら	つばくら
	つばくろ							燕	燕
	つばびらく	鷰	?	?	?	?	?	鷰	鷰
	つばびらこ		鷰・鳦	?	?	?	?	つばびらこ	つばびらこ
	つば								つば
	えん			燕	燕	燕			
	えっえん						越燕	越燕	越燕
	いつ			鳦	鳦	鳦	鳦	鳦	鳦
	いっちょう							乙鳥	乙鳥
	げんちょう			玄鳥	玄鳥	玄鳥	玄鳥	玄鳥	
	こつばめ						こつばめ		
	ひいご							ひいご	ひいご
	ひご							ひご	ひご
	ひめすどり				ひめすどり				ひめすどり
バメ	こえん						胡燕	胡燕	胡燕
	たうつばめ						唐燕		

コシアカツ	やまつばめ おほつばめ じゃえん わしつばめ とっくりつばめ						やまつばめ	やまつばめ 胡燕 蛇燕 わしつばめ	やまつばめ 胡燕 蛇燕 わしつばめ とっくりつばめ
ショウドウツバメ	つちつばめ どえん すなむぐりつばめ						つちつばめ 土燕		すなむぐりつばめ
イワツバメ	いはつばめ							いはつばめ	いはつばめ

イワツバメは江戸時代中期にそれぞれ存在が認識され区別されていろいろな名で呼ばれてきたということである。

日本の文化は、有史以来、江戸時代前期ころまでは中国からの一方的な輸入文化に依存してきたきらいがあり、なかでも本草学（薬物学）の影響を強く受けてきた。しかし、江戸時代中期ごろからヨーロッパ、なかでもオランダの近代科学の影響を受けて、種を細分化して漢字で記録するようになり博物学が発達した。その傾向は明治時代にかけて急速に発展していった。今日の日本鳥類目録の基礎部分は江戸時代までにほぼ完成したといってよいだろう。

それぞれの時代でのいろいろな呼び名が、今日の標準和名とどう対応するかについてはすっきりしていないところもあるが、越燕・こつばめ―ツバメ、胡燕・おほつばめ・やまつばめ・たうつばめ（唐燕）・じゃえん（蛇燕）・わしつばめ・とっくりつばめ―コシアカツバメ、どえん（土燕）・つちつばめ・すなむぐりつばめ―ショウドウツバメとするのが穏当と考えられる。

ツバメは愛鳥のシンボル

ツバメほど人を恐れない野鳥も珍しい。たいていの野生鳥獣は、人を二足歩行する奇妙な動物として恐れるが、ツバメは例外ともいえる。それにはツバメに対する人の認識と接し方が大きく関係している。稲作文化を築いてきた日本人にとって、ツバメはイネの有害虫を捕食してくれ、また、病原体を媒介するカやハエなどの嫌な衛生昆虫なども捕食し駆除してくれる大変有益な野鳥として認識され、大切に保護されてきた長い歴史があってのことである。農業従事者だけでなく、日本人のだれもがツバメに対してだけは愛鳥家であると言っても過言ではない状態にある。当のツバメも日本人のそういう心情や好意的な接し方を十分察知し

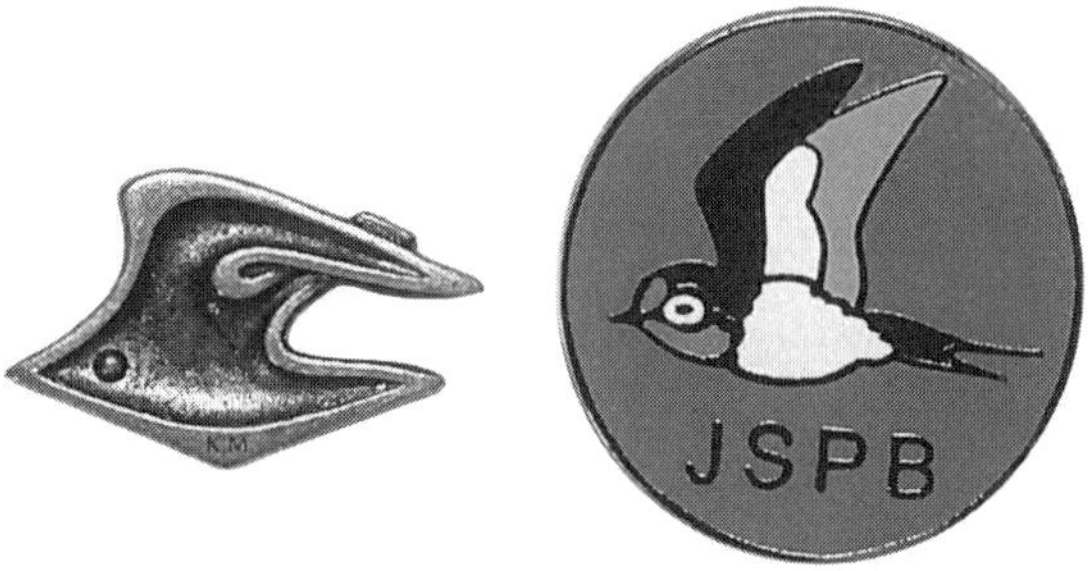

ツバメをデザインしたバッジ（記章）
右：日本鳥類保護連盟のバッジ。JSPB は JAPANESE SOCIETY FOR PRESERVATION OF BIRDS の略
左：日本野鳥の会のバッジ（初代）

て、人を信じ気を許しているようである。大事な育雛まで人家ですることから人への並並ならぬ信頼の厚さがうかがえる。

野生鳥獣の人に対する異常な警戒心の強さは、人が迫害によって後天的に植え付けている場合がけっこう多いことを認識すべきである。そのことは、十六世紀初めまで人を全く見たことがなかった、南アメリカのエクアドル沖にあるガラパゴス諸島の野生鳥獣の人に対する警戒心がなかったことが教えてくれている。日本人とツバメとの関係は、人と野生鳥獣との共生の理想的な見本といえよう。そういった意味でツバメは愛鳥のシンボルになっていて、野鳥保護団体の日本鳥類保護連盟や日本野鳥の会などのバッジにもデザインされている。ツバメのほかの野生鳥獣に対してもツバメ同様の野生鳥獣それぞれの特性の理解と好意的で適切な接し方をしていけば、花咲き鳥鳴くユートピアの実現も不可能ではないだろう。

特急の代名詞「つばめ」

平成十六年三月十三日の九州新幹線の開業により、東京を出発して南下して来た「つばめ」も四分の三世紀かけ七十五年目にして五代目でやっと九州南端まで到着したといった感じである。改めて言うまでもなく本物のツバメのことではなく、列車の愛称「つばめ」の話である。

九州新幹線「つばめ」(新八代〜鹿児島中央駅間)と在来のJR鹿児島本線の特急「リレーつばめ」(博多〜新八代間)のつなぎによって九州の北と南は、従来より約一時間半も短縮されて、最速二時間一〇分で結ばれることになった。顧みると、JRの前身国鉄の特急に愛称が付けられるようになったのは昭和四年(一九二九)からで、一般公募によって第一号は日本を象徴する「富士」と名付けられたが、翌五年(一九三〇)に東京〜神戸間に新規登場した特急には「燕」の名が付けられた。初代「つばめ」の誕生である。その後戦争で一時中断があり、戦後の昭和二十四年(一九四九)に東京〜大阪間に復活した特急の第一号には「へいわ」と名付けられたが、すぐ翌二十五年(一九五〇)には「つばめ」と改称された。

九州新幹線の５代目「つばめ」のロゴマーク

これまで特急のほか急行、快速まで含めると、鳥にちなんだ愛称は、ほかにも「かもめ」（特急、一九三七年、東京～神戸間）、「はと」（特急、一九五〇年、東京～大阪間）、「はやぶさ」（特急、一九五八年、東京～鹿児島間）など十種類以上がみられるが、その中でも特に「つばめ」は特急の代名詞同様に親しまれ、国鉄のシンボル的存在だった。プロ野球球団「国鉄スワローズ」（一九五〇～一九六四年、Swallows《スワローズ》はツバメの英名）をご記憶の方も多いのではないだろうか。その後、新幹線が昭和三十九年（一九六四）に東京～新大阪間、四十七年（一九七二）に新大阪～岡山間に開業し、特急「つばめ」の活躍舞台は南下し、岡山～博多・熊本間を走ることになった。そして平成十六年にはついに九州南端にまで到達したのである。ツバメにしてはちょっと遅い南下という気もするが、速度そのものは鳥類中最速というか、地球上の全生物中最速とみられているハリオアマツバメ（アマツバメ科）でさえ時速一七〇キロメートル（水平飛行最大速度）程度だから九州新幹線「つばめ」の時速二六〇キロメートルはそれをはるかに上回っている。科学技術の進歩は目覚ましく目を見張るものがあり、今後はさらにツバメの飛翔の巧みさを上回る安全性の確保が期待されるところである。

「つばめ」の愛称は、特急列車のみならず、バスやタクシー、あるいは船などの乗り物にも好んで付けられている。それはどうやらツバメのスマートさと、飛ぶ速さと巧みさへのあこがれによるらしい。低空を疾風のようにさっそうと滑空するツバメのような乗り物の実現は人々が長年夢見てきたことである。

昔ばなし「燕不孝」考

人家の同じ屋根の下に巣くうツバメとスズメは、共に最も身近な野鳥で、日本や中国では古くから「燕雀（えんじゃく）」と一からげにして呼び、小鳥の代名詞、あるいは小人物のたとえにされてきている。

昔ばなし「雀孝行」ではスズメの引き立たせ役としてはキツツキのことが多いが、同じく虫を食べるツバメを登場させる話し方もある。また、危篤になったのは親のほかにお釈迦様という話もあり、その場合は褒美を与えるのも当然神様ではなくお釈迦様ということになる。その昔、ツバメとスズメは姉妹だった。親が危篤の報に接して、妹のスズメはなりふりかまわず普段着のまま駆け着けたので親の死に目にあえたが、姉のツバメは紅をさし、鉄漿《かね》（御歯黒の液）を付け、美しく着飾ってから出かけたので親の死に目にあえなかった。それで神様は孝行なスズメには手近かな場所で五穀を自由に存分に食べて暮らせるように計られたが、親不孝なツバメには虫しか食べられないようにされたという。

このはなしは、孝行と不孝を対比させたものとも、単にツバメとスズメの外見と食性の違いを、神様やお釈迦様を介してこじつけたものとも受けとれる。いずれにせよ人間の農耕、特に稲作開始とともに急速に身近かな鳥になってきたと考えられるツバメとスズメはなにかと引き合いに出される。これは日本だけでのことではなく、両種が共に生息する地域で広く、国の枠を越えてみられる傾向らしい。例えば、古代エジプトの象形文字ヒエログリフ（聖刻文字）にはツバメもスズメもあり、尾羽以外の形は互いにそっくりだが、ツバメの文字は

ツバメ(左)とスズメ(右)
2004年８月22日　熊本市沖新町で

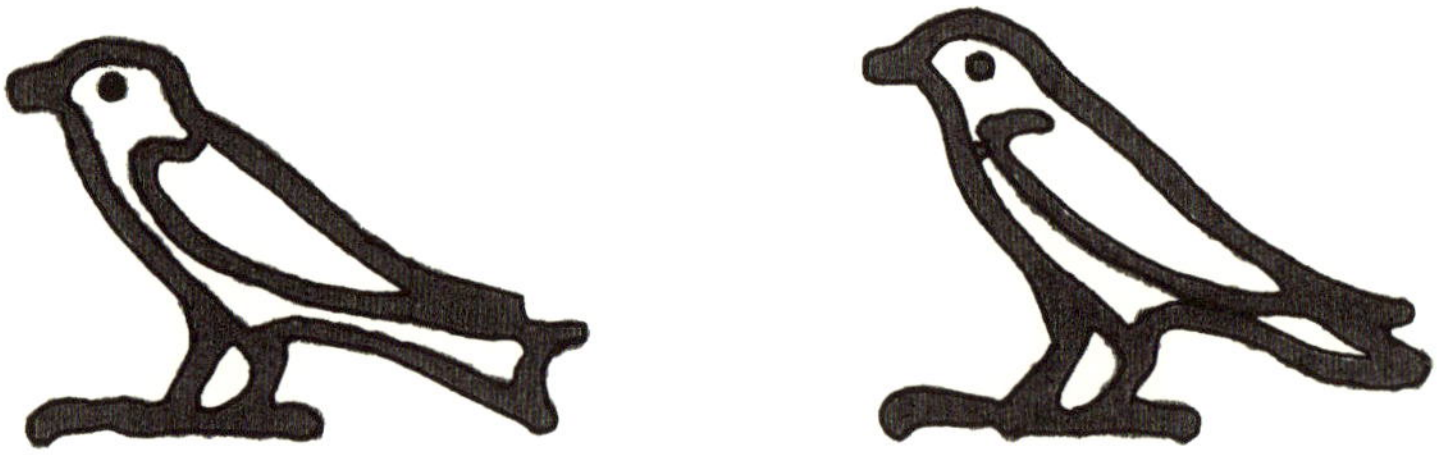

ヒエログリフ(聖刻文字)のツバメ(左)とスズメ(右)

「大きい、良い」の意味に用いられ、スズメの文字は「小さい、悪い」の意味に用いられていたという。また、ツバメは翼と尾を大きく開いて飛ぶ姿が星形に見えることから黄泉《よみ》の国から飛来する聖なる鳥として崇められ、小鳥では唯一ミイラにもされている。通常はこのように多くの場合、ツバメは農作物の有害虫を食べて駆除してくれる有益鳥で、もう一方のスズメは農作物を食い荒らす有害鳥との認識によっている。

しかし、この昔ばなしではなぜかその評価が逆転している。人は日ごろスズメを有害鳥と見なして虐待しているので自責の念から供養の意味を込めて創作したのだろうか。

冥土と往来

長崎県の対馬では、死者を埋葬するときには墓の上に須屋（霊屋・安楽堂ともいう）を設け、その棟上に杉材でツバメの飛ぶ姿をほぼ実物大にかたどって腹部に穴を空け、竹竿を差し込んで立てるそうだ。飛ぶのが上手なツバメに死者の霊魂（死霊）を早く冥土に運んでくれるようにとの願いを込めてのことである。

人は死んでも、肉体から遊離した霊魂は永久に不滅で、新たに死者の国（冥土や浄土）で生き続けると信じられ、それには空飛ぶ鳥の助力が必要というわけです。こういった鳥霊信仰は古くから各地にあって、倭建命《やまとたけるのみこと》（日本武尊）が亡くなったとき、その霊魂が白鳥と化して飛び去ったという神話などはその典型である。また、記紀には、天若日子《あめわかひこ》の葬儀では近親の関係者たちはそれぞれにいろんな鳥に扮してとり行ったともある。

こういった鳥霊信仰は、日本だけでなく、世界の各地で認められる。イスラム教国では子供が亡くなると、鳥になって天国へ飛んで行ったという言い方をするとか。一方、中国雲南省の北部に住むナシ族の葬儀では、死者の霊魂（死霊）を冥土に運んでくれることを願って家で飼っている金翅鳥（マヒワ）を放鳥するとか。また、ヒマラヤ山脈の北麓の高原に住むラマ教徒や南麓に位置するネパールのボン教徒、インド西岸ムンバイ（ボンベイ）付近のゾロアスター教徒などが行っている鳥葬はもっと直接的で、死体をハゲワシ類に食べてもらって運んでもらうという方法をとっている。このように霊魂（死霊）を運ぶとされる鳥の種類は、地域によって異なり、いろいろである。

ツバメは、背面が黒く、腹面が白くて喪服を着たようである。細長い翼に長くて深く切れ込んだ凹尾（燕尾）で飛翔力に優れ、その翼や尾を大きく開いて飛ぶと十角（五頂角）形の星形（☆）に見える。それで古代エジプトでは死者の国から飛来する聖なる鳥として崇められていたという。ツバメは天上の死者の国と往来する鳥にピッタリである。

ところで鳥によって冥土に運ばれた霊魂（死霊）は、その後どうなるかというと、子孫の追善供養が積み重ねられることによって浄化されて浄土に赴いて祖霊となり、さらに神霊にまでだって昇華する。そして子孫の生活を見守ってくれ、ときに鳥に化身して子孫や生前に親しくしていた人々のもとに訪れると信じられている。春に渡来して人家に巣くいイネの有害虫を食べて駆除してくれながら育雛し、イネの収穫後の秋に渡去するツバメはまさに稲田の守護神である。米を主食にしてきた日本人には、輪廻転生の観念からツバメこそご先祖様の生まれ変わりと思えるのである。

ツバメ、トビウオに変身

熊本県の八代海（不知火海）沿岸地方ではホソトビウオ（トビウオ科ハマトビウオ属）を「つばめいお（燕魚）」と呼んでおり、これには次のような言い伝えがある。

ツバメが南へ渡るときには藁をくわえて行くが、愚かなツバメは石をくわえて行くために途中で海に落ちてしまう。それで魚と化して時々海の上を飛ぶのだそうで、燕魚と呼ばれるようになったというのである。

背面が黒っぽくて腹面が白っぽいホソトビウオが海面上を滑空している様は、背面が黒くて腹面が白いツバメが海面上低くを飛んでいる様を連想させることからこのような話が生まれたのだろう。中国前漢時代の『淮南子《えなんじ》』墜形訓《ついけいくん》に見える「燕雀《えんじゃく》（ツバメとスズメのこと）、海に入りて蛤《はまぐり》と為《な》る」の一節より分かり易い話である。

ツバメ、トビウオに変身する

ホソトビウオは、対馬暖流が北上する天草灘では梅雨のころ産卵のために天草西海岸の沿岸近くにやって来て、砂底に産卵する。天草灘では同属のツクシトビウオ（方言名カクトビ）も多く捕れるし、また、極く少ないがトビウオ（別名ホントビ）も捕れる。

この話の前半部分は、津軽（青森県）の外ヶ浜に伝わる雁風呂の習俗を思い起こさせる。つまり、ガンが海を渡るときには途中で翼を休めるときのために木片をくわえて飛ぶというくだりである。ただこの雁風呂伝説は、日本で越冬中に命を落としたガンたちを供養するために不用になった木片で風呂をわかして諸人にふるまったというもので、雁の供養が話の主題になっているが、ツバメがトビウオに生まれ変わる話は単なる外見上の空似を輪廻転生の思想によって結びつけたもので、輪廻転生が話の主題になっている。

六章　文学上の注目すべき題材

説話でのツバメの雛殺し

それまでの種族維持が大原則だった生物観が覆り、利己的な遺伝子論誕生のきっかけともなった「動物の子殺し」が学会で初めて発表されたのは昭和三十九年（一九六四）だが、実はそれよりもはるか以前の江戸時代中期に刊行された説話集『新著聞集』（神谷養勇軒編、一七四九年、大阪河内屋茂兵衛刊）に、〝ツバメの雛殺し〟を実際に観察しての創作と考えられる説話が見出される。そのあらましは次のようなものである。

大阪道頓堀の鍋屋某という人の家にはツバメが三年前から毎年営巣して育雛していた。ところが、ある朝、戸がまだ開かないうちに巣を出て室内を飛び回っていた雄の親ツバメがネコに捕られてしまった。それで残された雌の親ツバメは一羽で四羽の雛を育てていると、ある日どこからともなく一羽の雄ツバメがやって来た。雌の親ツバメは初めのうちはその雄ツバメが巣に近づこうとするのを拒否していたが、そのうちに気を許して、しばらくの間は二羽協力して育雛していた。ところが、後からやって来た雄ツバメは雌の親ツバメの留守中に茨《いばら》の棘《とげ》を雛に与えて四羽のうちの二羽を殺してしまった。そのことに気付いた雌の親ツバメは雄ツバメを追い払い、生き残った二羽の雛は無事に育て上げた、という話である。

時代は下り、大正時代の『因伯珍談』(岩田勝市著、一九一四年、鳥取横山書店)にもツバメの雛殺しを主題にした説話が見出され、そのあらましは次のようなものである。

八頭郡《やづごおり》曳田村の菅左内という人の家にはツバメが毎年やって来て、台所に営巣し育雛するのを家人のみんなが楽しみにしていた。その年も雌雄二羽して忙しそうに育雛していた。と、ある日のこと、ツバメの異様な鳴き方に不思議に思った家人がよく見ると、なんと見知らぬ別のツバメが来ていて、両親のうちの一羽は行方不明になっていて一羽で五、六羽の雛を育てていた。と、その二、三日後、再び見知らぬツバメがやって来て、育雛を手伝い始めた。家人らは奇妙だが感心なことだと見守っていると、二、三日後、雛が突然のようにけたたましく鳴き騒ぎ出したので何事だろうと見てみると、なんと雛たちが悶え苦しんでいて、なかには巣から落ち血を吐いて死んでいるものもいた。それを見た家の主人左内は、これはきっ

丸に親子燕の家紋

と後からきた継母のツバメが雛たちに毒を飲ませたに違いないと思い、わがことのように立腹すると、さっそく巣の近くに網を張って、例の継母のツバメの帰りを待って捕え、雛たちのために仇討《あだうち》をしてやった、という話である。

この二つの説話に共通するのは、どちらも実際にツバメを観察して創作されたらしいということと、その内容が育雛中に親鳥のうちのどちらか一方が何らかの原因で欠け、それを補うかのように手伝いをするふりをしてやって来た別のツバメが雛を殺してしまうというところである。雛を殺すのは、前者では後からやって来た雄ツバメで、後者では雌ツバメとなっている。また、殺すために雛に与えたものは、前者では茨の棘で、後者では毒となっている。実際に雛殺しをするのはどうやら番い外の雄ツバメのようで、くわえて巣から落とすというやり方である。細かいところでは勘違いもあるようだが、従来の種族維持大原則だった生物観が覆り、新しい生物観が生まれるきっかけにもなった〝子殺し〟の行動に学会発表より二世紀以上も以前に気付いていたとは、日本人の観察眼の鋭さと感性に改めて感じ入るばかりである。

今昔物語でのツバメ標識調査

ツバメは、古くから毎年雌雄を違えずにやって来る夫婦仲の良い鳥と考えられてきたが、そのことを実際に科学的に確認しようとした話が九百年近くも前にできた説話文学の代表作とされる『今昔物語集』（一一二〇年以降）に見出される。実話かどうかははっきりしないが、話のあらましは次のとおりである。

婿を迎えての幸せな新婚生活も束の間、婿はすぐに亡くなってしまった。娘の行く末を心配した年老いた実の両親は、娘に再婚を熱心に勧める。しかし、自分は未亡人として生きる運命にあると思い込んで決意している娘は再婚話をなかなか聞き入れようとはしなかった。それでも根気強く熱心に再婚を勧める両親に、娘は再婚にあたっての前提条件を提示する。それはわが家で雛を育てているツバメを捕らえて、雄ツバメは殺し、雌ツバメには体に何か目印になるものを付けて放しその雌ツバメが来春にまた別の雄ツバメを連れ帰ったら私も再婚を考えましょうというものだった。両親は娘の言うとおりにツバメを捕らえて雄ツバメは殺し、雌ツバメには首に赤い糸を付けて放した。果たして翌春に帰って来たのは首に赤い糸を付けた雌ツバメ一羽だけだった。そして雌ツバメは巣も造ろうともせず、間もなくどこかへ飛び去ってしまった。そこで娘は、畜生のツバメでさえいったん夫を亡くせば二度と夫を迎えることがないのに、人の身である私がどうしてツバメにも劣るようなことができましょうかというと、両親は娘の言葉にたいそう感じ入り、それからはもう二度と再婚話は口にしなくなった、という話である。

この話は、その後、人々の間で広く知られるようになり、ツバメは情愛深い夫婦仲の良い鳥として認識されていくことになる。この話の趣旨はもちろんツバメ夫婦の情愛深さを伝えることにあるが、その実証手段としてツバメの首に糸を付けて放す方法は、標識調査のさきがけともいえ興味深い。

ツバメの磁器製置物

七章　ツバメの利用

「燕の子安貝」考

燕《つばくらめ》が持っているという子安貝は、『竹取物語』（九〇〇年ごろ）に出てくる謎の物体である。かぐや姫は、婚約者の選定にあたって求婚者五人のそれぞれ一人ずつに条件を提示した。そのうち石上《いそのかみ》中納言に提示したのが「燕《つばくらめ》の持ちたる子安貝」の持参だった。なんでもそれは、佛の御石の鉢や蓬莱の玉の枝・火鼠の皮衣《かわぎぬ》・龍の頸《くび》の玉などと並ぶ珍宝だとか。

話は変わるが、これと関連するような話はヨーロッパにもあり、ロングフェロー（一八〇七－一八八二）の詩「エヴァンジェリ」の一節に、「燕が子の眼を開けるために海辺から運ぶという不思議な石を燕の巣から探し当てた者に幸がある」というのがある。ところで、石上中納言は、結局、燕が持っているというその子安貝を探し出すことができず、燕の糞しか持ち帰れなかった。

燕が持っているという子安貝の正体はいったい何なのだろうか。燕《つばくらめ》は鳥のツバメのことで、子安貝はタカラガイのなかま（特にハチジョウダカラ）の別名、俗称である。その貝殻の独特な形状が女性器に似て見えることから子安貝とも呼ばれ、日本や中国では古くから産婦がお産のときに手に握り締めていると安産になるといわれ、安産や子宝のお守りなどにもされてきた。なお、子安貝ことタカラガイは、秦代以前の中国では貨幣としても使われていた。これら陸生のツバメと海生の子安貝（タカラガイ）という奇妙な組み合わせの接点はいったい何なんだろうか。まるでクイズかなぞなぞの問題のようである。

その解答をさがしていて、ふと、偶然に開いた『日本俗信辞典』（角川書店）の「燕の項」の一文に私の目はくぎ付けになった。それは「ツバメは一つ家に十年巣をかけるとお礼として巣の中に貝殻を一つ置いていき、それは妙薬である。岡山県真庭郡では、その貝殻は子安貝で、黄疸の薬になる」という部分である。さらに、その薬効はほかにも婦人病（関東北部地方）や眼病（神奈川県津久井郡）にも効くとある。また、お礼に置いていく物は貝殻のほかに、金の玉（愛知県）や目薬（新潟県西頸城郡）というのもある。要するに燕が持っている子安貝は、ツバメが雛を育てるのにお世話になった家にお礼として巣に置いていく、いろんな病気によく効く貴重な妙薬ということらしい。

ツバメが巣の中に置いていってタカラガイに似たものといえば卵以外には考えられない。タカラガイの貝殻もツバメの卵殻も、どちらも炭酸カルシウムが主成分である。ツバメの卵は、大きさが一九×一四ミリほどで、白地に赤褐色の小斑紋があり、全体的に白っぽい。卵殻は薄くて、割れて乾燥すると割れ口から内側に丸まり込み、縦に割れたりするとある種のタカラガイそっくりになることがある。また、先の日本俗信辞典によると、ツバメの卵殻は煎じて飲むとお産が軽くなる（富山県魚津市）とか、蒲団の下に敷いておくと安産になる（愛知県）などの言い伝えがあるという。こうみてくると、燕が持っているという子安貝の正体は、割れて乾燥し子安貝（タカラガイ）そっくりになったツバメの卵殻ということになりそうである。

ただ、割れて乾燥すると子安貝（タカラガイ）そっくりになるのは、なにもツバメの卵に限ったことではなく、ほかの小鳥の卵でも同じなのに、なぜツバメの卵なのだろうか。それには、ツバメの特異ともいえる繁殖戦略が大きく関係していると考えられる。野生動物の子育ては、天敵の目を避けて一般にはひっそりと行なわれる。例えば、ツバメ同様に日本人にとって身近かな野鳥で同じく人家に営巣するスズメだって育雛は屋根瓦の下などで人目につかないようにこっそりやっている。それに比べるとツバメの巣はあらわで、育雛の様子などもよく見え、野生動物の子育ての仕方としては異例ともいえる。それはツバメが、人が嫌な衛生昆虫やイネの有害虫などを食べてくれる有難い有益鳥として古くから大事に保護され、それで人に対して気を許しているためだが、雌雄が協力して巣造りしたり育雛したりする光景は微笑ましく、ツバメは夫婦仲が良く育雛上手な鳥と見なされてきたことが大きく関係していると考えられる。

なお、余談になるが、石上中納言が持ち帰ったツバメの糞にも、卵殻ほどではないにせよ、薬効があるという。日本俗信辞典によると、虫歯での熱冷ましにはツバメの糞を頬《ほお》の外側に塗るとよい（群馬県）とあり、また、そのほかマムシに咬《か》まれたときにつけるとよい（福島県）とか、夜泣きにはなめさせるとよい（奈良県）、疳《かん》の虫には若いツバメの糞とケラをすりつぶして練り合わせ紙に塗って子供の頭髪を剃って貼るとよい（岩手県）など、薬としての処方がいろいろと収録されている。

ただ、ツバメの卵殻の場合も含めて、その実際の薬効については疑問があり、すぐには試されないほうがよいと思う。

ツバメを食う

ツバメの卵殻や糞を薬として処方するのはまだしも、ツバメそれ自体を食うとはなんと不謹慎な話だろう。日本人はだれでもツバメに対してだけは愛鳥家であるとばかりに思い込んでいただけに、日本にそんな食習慣などがあるとはにわかには信じ難く、正直なところショックで意外である。

ツバメは、日本の多くの地方では、田の神の使い、あるいは幸運をもたらす縁起のよい鳥として歓迎されている。家に巣をかけると赤飯を炊いて祝う地方（福島県耶麻郡など）だってあり、特に座敷にかけるのが最もめでたいとされてきた。それで逆に、それまで巣をかけていたのにかけなくなるのは凶事の兆しともされ、火事になったり、病人が出たり、あるいは死人が出るなどといって不安がられたものである。それでツバメをいじめたり、捕ったり、殺したりするのはもってのほかで、そんなことをすると罰が当たるといわれてきた。最も多いのが火事になるというもので、たぶんツバメの喉《のど》の赤っぽさから火を噴く姿を想像してのことだろう。特に雛を捕るのはいけないこととされ、目がつぶれる（千葉県香取郡）や瘧《おこり》を病む、耳が聞こえなくなるなどと言い伝えられている。

そのようなツバメを食うというのだから不届き千万な恐れを知らない暴挙としか言いようがない。しかし、せまい日本でも習俗は地方によってさまざまである。松浦清が文政四年（一八二一）十一月甲子の夜から書き始めたという『甲子夜話』によると、加賀藩（現・石川県南部）では、かつて兵の非常食用にと夏季にツバメをたくさん捕らえて塩漬けにして保存していたという。毎年、新しく漬け換え、古くなったのは廃棄していたともいう。ツバメを食べるのは、なにも日本だけのことではないらしく、南方熊楠はイギリス在住のころの話として、イタリアの貧民がツバメを釣って食べるためにフランスに渡来するツバメが減少し、その結果、カが増加して熱病が流行したためにフランス政府がイタリア政府に抗議したことがあった、と自著に記している。

また、先の日本俗信辞典には、ツバメを塩おしにしたものはリューマチや疣《いぼ》取りに効く（福井県）や、ツバメの生血は癲癇《てんかん》の薬になる（群馬県）、ツバメの黒焼きは脳病に効く（熊本県）や疳の虫に効く（広島県）などという言い伝えも紹介されている。ツバメの薬効については卵殻や糞の延長上の考えによるものだろうが、実効のほどは疑わしい。まず第一、ツバメを捕ることは「鳥獣の保護及び狩猟の適正化に関する法律」によって研究目的以外では禁止されていてご法度《はっと》である。

おわりに

ツバメは生きた昆虫食で、人が嫌な病原体を運ぶ衛生昆虫や、農作物の有害虫なども食べて駆除してくれる有難い有益鳥として、広い分布域のほとんどの地域で大切に保護されている。ツバメもそういった人の心情を察してか、人に対して気を許し、人間生活の中で最も身近な親しい野鳥となっている。

天敵から逃れるためにに寄らば大樹の陰とばかりに人家の室内に好んで営巣するが、これは他の野鳥にはみられない異例ともいえる独特の繁殖戦略である。さらに巣は椀形で内部の様子も見え易く観察し易いことから、繁殖期の生態については他の野鳥に比べて古くからよく調べられていてよく分かっているほうだが、非繁殖期（越冬期）の生態についてはまだよく分かっていないことが意外とけっこう多い。

例えば、ツバメは、これまで春になると南方から日本にやって来て雛を育て、秋になると再び暖かい地方に渡って冬を越す、夏鳥の代表のように考えられてきた。たしかに日本で繁殖したツバメの大半は冬には南方の暖かい東南アジアの島々に渡って過ごしているらしいが、日本でも関東地方以南の地域では南方に渡らずにそのまま居残って夜間には古巣で塒をとって過ごす留鳥性のツバメも一部いるらしい。また一方、日本より北方で繁殖した比較的寒さに強い亜種や地域個体群が日本で越冬するために冬鳥としてやって来ているらしい。このようにひと口にツバメといっても夏鳥のもののほかに留鳥や冬鳥のものもいるらしいのである。これらが日本ではそれぞれどれくらいの割合になっているかの大まかなことさえもまだよく分かっていない。

また、繁殖期の生態についても他の野鳥に比べればよく調べられ分かっているといっても、例えば人間が家を建てて定住生活する以前、つまりまだ洞窟や岩陰などを住みかとしていたころにはツバメがどんな場所に営巣していたのかなどについては分かっていない。動物は一般に苛酷な環境条件下では、ときとして俗に先祖返りと呼ばれる行動を見せることがあり、それによってかつてのくらしぶりもある程度推察することができるが、ツバメでは人工建造物以外の自然物に営巣したなどというのは全く確認されていない。要するにツバメについて得られている知見はこの程度で、今後の観察・調査・研究に期待されることも多い。

しかし、ツバメの今後の生息環境を考えると、年々悪化の傾向をたどっているように思える。食物確保に重要な水辺環境、なかでも身近かにあって格好の採餌場になっていた水田面積は減少するいっぽうで、化学農薬による餌の安全性も心配である。また、繁殖についても、これまで主な営巣場所となっていた人家の室内は閉鎖的な建築様式の普及によって利用しにくくなり、巣材の泥なども舗装などによって良質なものが入手困難になっている。さらにこれらに追い打ちをかけるように殖え続ける天敵のカラスのなかまによる卵や雛への捕食圧も高まってきているなどツバメの未来に明るさは見えてこないのである。

ツバメは先にも繰り返し述べてきたように、野鳥の中で育雛の様子を観察するには最適の鳥である。生命の尊さについての認識がうすれて生命がそまつにされている昨今、とくに子供たちにツバメがけなげに雛を育てている様子を見させてやりたいものである。本書が、児童・生徒はもとより、その指導的立場におられる教師や保護者、それに、野鳥に関心をお持ちの方々にとってのツバメ観察に際しての参考になればと思っている。さらにはツバメの観察をとおして、今一度われわれ日本の先人がこれまで培ってきたツバメとの好ましい共生関係について思い起こし、今後のツバメとのさらなる好ましい共生のあり方について思いを寄せていただくきっかけにでもなってくれればと願っている。

最後になったが、本書の出版に終始ご尽力いただいた弦書房の小野静男氏に謹んで心から感謝の意を表します。

二〇〇五年一月一〇日

大田眞也

主要参考図書（＊執筆にあたり資料として多くの本を参考にしました）

『ツバメ』内田康夫編・青木保写真、集英社（カラーサイエンス）、一九八五
『ツバメ観察事典』本若博次、偕成社（自然の観察事典）、一九九七
『ツバメのなかまたち』日本野鳥の会編・本若博次絵、あすなろ書房（みる野鳥記）、一九九一
『わたり鳥』吉井正解説・叶内拓哉写真、東海大学出版会、一九七九
『鳥の渡り―鳥は星座を知っている？』ドナルド・R・グリフィン著・木下是雄訳、河出書房新社（現代の科学二四）、一九六九
『動物の渡り、神秘の旅を探る』R・T・オル著・渋谷達明訳、白揚社、一九七五
『渡り鳥』内田清之助、築地書館、一九八三
『鳥類』ロジャー・ピーターソン解説・山階芳麿訳、タイムライフインターナショナル（ライフ大自然シリーズ二一）、一九六九
『日本鳥類目録改訂第六版』日本鳥学会、二〇〇〇
『A Checklist of the BIRDS of the World』EDWARD S. GRUSON, Collins, 1978
『Handbook to the Swallows & Martins of the World』Angela Turner and Chris Rose, CHRISTOPHER HELM, 1989
『日本産鳥類の繁殖分布』環境庁、一九八一
『決定版生物大図鑑・鳥類』黒田長久編・監修、世界文化社、一九八四
『鳥類Ⅲ』黒田長久監修、平凡社（動物大百科）、一九八六
『野鳥の生活（正・続）』羽田健三監修、築地書館、一九七五・一九七六
『野の鳥の生態１』仁部富之助著、仁部正五校訂、浦本昌紀注解、大修館書店、一九七九
『鳥』内田清之助、角川書店（角川文庫）、一九五五
『野鳥の事典』清棲幸保、東京堂出版、一九六六

『増補改訂版・日本鳥類大図鑑Ⅰ』清棲幸保、講談社、一九七八
『日本の鳥類と其の生態第二巻』山階芳麿、岩波書店、一九四一
『現代の鳥類学』森岡弘之・中村登流・樋口広芳編、朝倉書店、一九八四
『これからの鳥類学』山岸哲・樋口広芳共編、裳華房、二〇〇二
『鳥の起源と進化』アラン・フェドゥーシア著・黒沢令子訳、平凡社、二〇〇四
『オスの戦略メスの戦略』長谷川眞理子、日本放送出版協会（NHKライブラリー）、一九九九
『まもろう鳥みどり自然』日本鳥類保護連盟編、中央法規、一九九七
『図説日本鳥名由来辞典』菅原浩・柿澤亮三編著、柏書房、一九九三
『リンネ自然の体系、第一巻・動物界（改訂第一〇版）鳥類編』島崎三郎訳、山階鳥類研究所、一九八二
『鳥の学名』内田清一郎、ニュー・サイエンス社（グリーンブックス）、一九八三
『漢字の話(上)』藤堂明保、朝日新聞社（朝日選書）、一九八六
『和漢三才図会６』寺島良安、平凡社（東洋文庫）、一九八七
『本草綱目啓蒙４』小野蘭山、平凡社（東洋文庫）、一九九二
『東西遊記２』橘南谿、平凡社（東洋文庫）、一九七四
『鳥の手帖』浦本昌紀監修、小学館、一九九〇
『鳥の日本史』黒田長久監修、新人物往来社、一九八九
『（図説）古代エジプトの動物』黒川哲朗、六興出版、一九八七
『日本俗信辞典（動・植物編）』鈴木棠三、角川書店、一九八二
『（説話）大百科事典（大語園）第六巻』巖谷小波編、名著普及会、一九八四
『日本史のなかの動物事典（鳥類）』佐々木清光、東京堂出版、一九九二
『季節の事典』大後美保、東京堂出版、一九六一
『古事記』倉野憲司校注、岩波書店（岩波文庫）、一九六三

『日本書紀』坂本太郎・家永三郎・井上光貞・大野晋校注、岩波書店（日本古典文学大系）、一九六五
『新訓万葉集』佐佐木信綱編、岩波書店（岩波文庫）、一九二七
『竹取物語』阪倉篤義校訂、岩波書店（岩波版ほるぷ図書館文庫）、一九七〇
『動物誌(下)』アリストテレース、島崎三郎訳、岩波書店（岩波文庫）、一九九九

〈付録〉読者から寄せられた質問に答えて

　これまでツバメについて解説した一般向けの適当な類書がなかったせいもあってか、読者から本書に添付の葉書や、手紙、あるいは電話で、ツバメに関係した質問がいくつも寄せられています。

　今回の増刷にあたり、その主なものを次に紹介し、最も多かった質問にお答えしようと思います。

　寄せられる質問は、本書の内容そのものについてというより、そのほとんどが「ツバメの繁殖を成功させるにはどうすればよいか。（埼玉県羽生市、地方公務員・男性・63歳、ほか）」というものです。

　ツバメは、私が子供のころにはもっぱら室内に営巣していて、繁殖に失敗するようなことはあまりなかったように思います。しかし、世のなかが物騒になって建築様式が閉鎖的なものになるとツバメは室内から閉め出されてやむなく室外の軒下などに営巣するようになりました。その結果、巣が天敵に目立つようになりました。それに新建材のスベスベした壁面による巣の落下事故なども増えています。それで以前より繁殖を失敗することが多くなっているようです。そこで、天敵対策と巣が落下したときの処置を中心に述べることにします。

　ツバメの卵や雛にとっての最大の天敵はカラスのなかま（ハシボソガラスやハシブトガラス）です（本書58頁参照）。わが家でも実際、平成十五年にハシボソガラスによって卵を食害され、翌十六年にはハシブトガラスに雛が食害されるという苦い経験をしています（59～60頁参照）。カラスのなかまによるツバメの卵や雛の食害にお悩みの方はけっこうおいでのようです。
◎カラス対策には、まずカラスの弱みを知ることです。カラスは体が大きくて、ツバメのように小回りが利きません。それに体、とくに翼がほかの物に触れるのを極端に嫌うようです。それで巣から50センチくらいの場所にネットを張ったり、テープをぶら下げたりするとよいといわれています。ただ、巣の周囲の環境が急変すると親鳥が警戒して巣を放棄してしまう心配がありますので、取り付けるタイミングには要注意です。雛がいる段階では巣を放棄するようなことはないようです。試されてみてはどうでしょうか。

◎次に、巣が落下したときの処置ですが、ツバメが営巣する壁面が新建材でスベスベしていたりすると、巣材の泥も舗装の普及によって良質なものが入手困難になっていることもあってか、雛が成長すると重みで落下することも多くなっているようです。本書では、そのようなときにうまくいった処置について「心温まる藁製の巣」の見出し記事を載せています（32頁参照）。雛が無事ならば、巣を納めるものは大きさが適当であれば身近にある即席麺入りの

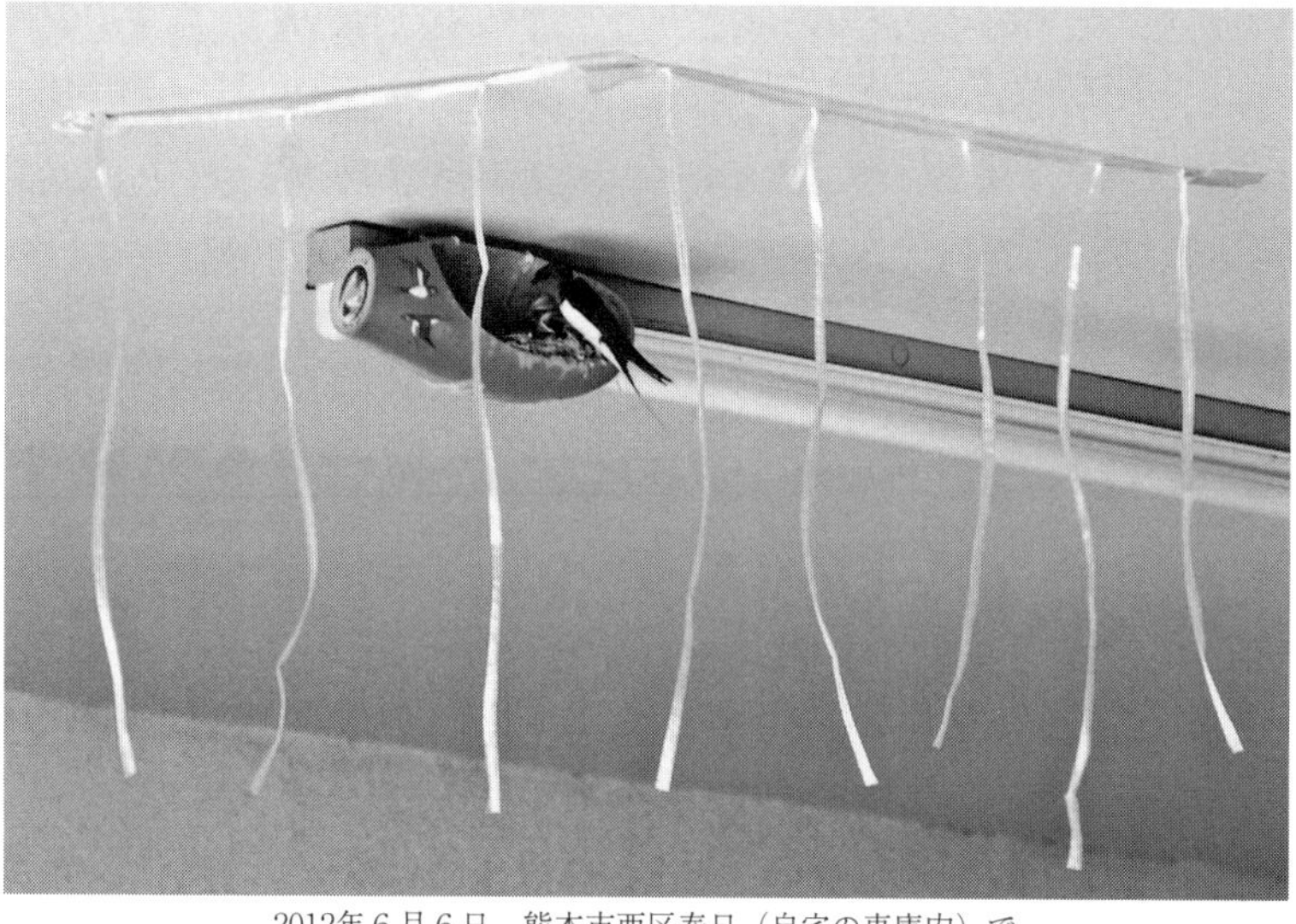

2012年６月６日　熊本市西区春日（自宅の車庫内）で

プラ製容器などでもよく、強力なガムテープで壁面の元の場所にしっかり固定してやるとよいでしょう。

また、巣はどうもないのに、雛だけが落ちているのに気付いたようなときには、雛が元気で外傷がなかったら、そっと巣に戻してやって下さい。

なお、巣立って間もない飛行練習中の危なっかしくて心配な幼鳥を見かけたら、すぐ捕まえたりしないでそっと見守ってやりましょう。

◎このほかに、「雛が巣立ってしまった後の巣はどうしたらよいか。（埼玉県羽生市、地方公務員・男性・63歳、ほか）」という質問もあります。ツバメは古巣を補習して再利用することが多く、本書では二〇年以上も再利用されて巨大になった巣のことも紹介しています（31頁参照）。来年以降も同じ場所に営巣してほしいのであれば壊さずにそのままにしておいて下さい。

昨今は、鳥インフルエンザへの過剰とも思える反応から、営巣し始めたばかりのツバメの巣が落とされたなどというニュースに接すると暗澹たる思いがします。ツバメが鳥インフルエンザにかかった事例はこれまで海外で一例が知られているだけで、ツバメから人への感染例は知られておらず、日本で繁殖の温暖な時季にツバメから直接人に感染することはまず考えられず、心配はいりません。それに卵や雛が入っている巣を落とすのは「鳥獣保護管理法」違反となり、一年以下の懲役または百万円以下の罰金が科せられますのでご注意を。

ツバメが繁殖する環境は年々悪化しているようです。そのことを危惧されている方がかなりおられることを知って正直のところちょっとほっとしています。稲作のなかで長年かけて築き上げてきたツバメとの信頼関係を簡単に壊したくはありません。以上のような対策や処置によって、町中のあちこちでツバメが育雛するほほえましい光景がいつまでも見続けられるようにしたいものです。

〈著者略歴〉

大田眞也（おおた・しんや）

一九四一年、熊本市生まれ。

熊本大学教育学部卒業。

元公立小学校校長。現在、さまざまな野鳥の生態観察とその記録撮影、および野鳥の文化誌研究を続けている。国土交通省自然環境アドバイザー、日本鳥類保護連盟専門委員、日本自然保護協会の自然観察指導員、日本鳥学会会員、日本野鳥の会会員。

著書に『熊本の野鳥記』（熊本日日新聞社）、『熊本の野鳥百科』（マインド社）、『熊本の野鳥探訪』（海鳥社）、『カラスはホントに悪者か』『阿蘇　森羅万象』『スズメはなぜ人里が好きなのか』『田んぼは野鳥の楽園だ』『里山の野鳥百科』『猛禽探訪記―ワシ・タカ・ハヤブサ・フクロウ』（以上、弦書房）ほか。

ツバメのくらし百科《ひゃっか》

二〇〇五年　三　月一〇日第一刷発行
二〇一八年　五　月二五日第四刷発行

著　者　大田《おおた》眞也《しんや》
発行者　小野静男
発行所　弦　書　房
（〒810・0041）
福岡市中央区大名二―二―四三
ELK大名ビル三〇一
電　話　〇九二・七二六・九八八五
ＦＡＸ　〇九二・七二六・九八八六

印刷
製本　シナノ書籍印刷株式会社

落丁・乱丁の本はお取り替えします。

ISBN978-4-902116-31-1　C0045